灌溉排水工程学概论

朱士江　孙爱华　夏栋　康满春　主编

中国水利水电出版社
www.waterpub.com.cn
·北京·

内 容 提 要

本书共分为9个章节，系统地介绍了土壤的基本物理性质、土壤水、农田土地利用与改良、作物需水量和灌溉用水量、灌水方法、灌溉渠道系统、灌溉水源和取水方式、田间排水和排水沟道系统等内容。本书在编写过程中，着重讲解了农业水利工程最基础、实用性更强的知识点，注重理论与生产实际的结合。本书可供高等教育学校水利水电工程、农业水利工程和水文学与水资源工程等专业教学使用，也可为相关专业人员提供参考。

图书在版编目（CIP）数据

灌溉排水工程学概论 / 朱士江等主编. -- 北京 : 中国水利水电出版社, 2021.6
ISBN 978-7-5170-9642-9

Ⅰ. ①灌… Ⅱ. ①朱… Ⅲ. ①灌溉系统－高等学校－教材②排灌工程－高等学校－教材 Ⅳ. ①S274.2 ②S277

中国版本图书馆CIP数据核字(2021)第112904号

书　　名	灌溉排水工程学概论 GUANGAI PAISHUI GONGCHENGXUE GAILUN
作　　者	朱士江　孙爱华　夏栋　康满春　主编
出版发行	中国水利水电出版社 （北京市海淀区玉渊潭南路1号D座　100038） 网址：www.waterpub.com.cn E-mail：sales@waterpub.com.cn 电话：(010) 68367658（营销中心）
经　　售	北京科水图书销售中心（零售） 电话：(010) 88383994、63202643、68545874 全国各地新华书店和相关出版物销售网点
排　　版	中国水利水电出版社微机排版中心
印　　刷	清淞永业（天津）印刷有限公司
规　　格	184mm×260mm　16开本　8.75印张　213千字
版　　次	2021年6月第1版　2021年6月第1次印刷
印　　数	0001—2000册
定　　价	**48.00**元

前　言

由于新水利类专业规范已将“农田水利学”课程名称改为“灌溉排水工程学”，故在本教材的编写时将书名调整为《灌溉排水工程学概论》，并在教材体系及内容上也做出了相应调整以适应当下人才培养的需要。

现有的灌溉排水工程学教材大都内容包含广泛，适用于多学时的教学，学生不易细读全书，因此对少学时的教学不便使用。然而，现在越来越多的工科专业越来越注重学生基础的知识广度，开设的课程类别有所增加，但课程开设的课时有限，缺少简短精练的教材，本书在这方面填补了空白。同时，现有的灌溉排水工程学教材中，许多公式的单位没有统一，导致学生在学习的过程中容易产生误解，本书在这方面有所改进。

本书是按照24～32学时的“灌溉排水工程学教学大纲”编写的，可作为高等院校农业水利工程、水利水电工程、水文学与水资源工程等水利类专业的教材及水利工程专业技术人员的参考书。全书共有9个章节，分别为绪论、土壤的基本物理性质、土壤水、农田土地利用与改良、作物需水量和灌溉用水量、灌水方法、灌溉渠道系统、灌溉水源和取水方式、田间排水、排水沟道系统。全书内容可分为三个部分，第一部分介绍了农田土壤相关的基础理论与技术，第二部分介绍了农田灌溉用水量和灌溉方式相关的基础理论与技术，第三部分介绍了排水系统管理的基础理论。

在本书编写过程中，依据农业水利工程专业的培养目标和本课程的培养目标，本着继承与发展相结合的原则，保留了本课程传统的、成熟的教学内容大纲，结合农业水利工程专业发展的社会需求，着重保留并讲解了农业水利工程最基础、实用性更强的知识点，注重理论与生产实际的结合。

本书由三峡大学朱士江任主编，孙爱华、夏栋任副主编。全书由夏栋统稿。

本书是在参考了《土壤肥料学》（谢德体）、《土壤学》（黄昌勇主编）和《土壤学与农作物学》（龚振平主编）等多本相关著作基础上编写而成的，在此深表感谢。

由于作者水平的限制，书中难免存在缺点和错误，对于书中不妥之处，诚恳希望读者予以批评指正，提出改进意见，以便在教学实践中加以纠正。

编者

2020 年 10 月

目　　录

绪　　论

0.1　我国的农田水利事业

农田水利工程是以农业增产为主要目的的水利工程设施。中国称为农田水利工程，英美称为灌溉与排水工程，俄罗斯等称为水利土壤改良。1999 年，中国开始使用灌溉排水工程这个名称。

其根本任务是通过兴建和运用各种水利工程措施，调节和改善农田水分状况和地区水利条件，促进生态环境的良性循环，使之有利于农作物的生长。

农田水利工程的主要内容包括灌溉工程、排水工程、农田防洪工程、水土保持工程、防治土壤盐渍化等。

0.1.1　中华人民共和国成立前我国的农田水利事业

农田水利具有悠久的发展历史，世界上的许多国家，特别是中国、古埃及、古印度等文明古国的发展，都展现了农田水利在农业发展和社会进步中的作用。据记载，中国在夏商时期已有了灌溉排水设施，水利事业受到历代治国者的重视，发展水利事业成为治国安邦的重要手段。

中国的农业发展史也是一部发展农田水利、克服旱涝灾害的斗争史。中华人民共和国成立以前，农田水利大致经历了六个发展过程。

（1）战国以前时期：以沟洫、芍陂为代表的水利工程。与奴隶社会相适应的农业生产方式是井田制，布置在井田上的灌排渠道称为“沟洫”，在公元前 20 世纪出现，规模较小。至周代，农田沟洫已成系统 。当时还出现了人工蓄水的“陂池”，即在天然湖沼洼地周围人工筑堤形成的小型蓄水池。代表工程有安徽省寿县的芍陂，相传公元前 6 世纪由楚令尹孙叔敖所建，灌溉面积已达万顷之多。

（2）战国至西汉时期：代表工程有都江堰、郑国渠、引漳十二渠等。从战国开始，农田水利工程蓬勃兴起，大型渠系工程取代了“沟洫”。从流域上看，分为以下几种：

1）以都江堰为代表的长江流域灌溉工程。公元前 3 世纪，蜀守李冰主持修建了举世闻名的都江堰，工程建于岷江冲积扇地形上，为无坝引水渠系，该工程在科学技术上很有造诣，是古代灌溉系统中不可多得的典型。都江堰除了灌溉效益外，还有防洪、航运、城市供水作用，促进了川西平原的经济繁荣。另外，战国末年湖北宜城的“白起渠”，是陂渠串联式的长藤结瓜式灌溉工程，将分散的陂塘渠系串联起来，提高了灌溉保证率。

2）以郑国渠为代表的黄河流域灌溉工程。关中平原上规模最大的郑国渠，是秦始皇元年由郑国主持兴建的。它西经泾水，东经洛水，干渠全长 300 余里，灌溉面积 4 万余顷。另外，还有白渠、成国渠、龙首渠、智伯渠等。

3）以引漳十二渠、坎儿井为代表的华北、西北地区灌溉工程。战国初年，今河北南部临漳一带，由魏国西门豹主持兴建的引漳十二渠，是有文字记载的最早的大型渠系。另外，尚有西汉时修建的太白渠，规模也很可观。坎儿井是新疆吐鲁番盆地一带引取渗入地下的雪水进行灌溉的工程形式，西汉时期已有记载。

（3）东汉至南北朝时期：代表工程有黄河流域的陂塘。这一时期，海河、黄河、淮河、长江、钱塘江等流域农田水利建设均有发展，其中，黄河流域的陂塘建设成就突出。

（4）唐宋时期：南方太湖圩田、北方农田放淤。该时期社会获得较长时间的安定，水利事业发展迅速。江南水利也进步显著，如太湖圩田。北方有农田水利大规模放淤。在长江以南、钱塘江以北地区，流域内水系多，中间低四周高，该时期修建了大量的圩垸，如围湖造田。

放淤肥田是以沉积含肥分的泥沙改进农田土质为主的浑水灌溉。北方的放淤肥田以北宋以后引黄河水放淤为代表，今流行于民间。

（5）元明清时期：南方两湖垸田和珠江三角洲堤围。该时期农田水利工程在各地普遍兴修，但著名的大型工程较少，成就突出的是江南地区。继太湖圩田后，两湖地区垸田和珠江三角洲堤围迅速兴起。

（6）民国时期：西北地区泾、渭、洛惠渠，长江流域排水闸，黄河流域虹吸，海河流域拦河坝。该时期引进西方先进的水利科学技术，兴建了一些新型灌区。西北地区以20世纪30年代在陕西兴建的几处大型灌溉工程最为著名，由李仪祉负责设计和施工的泾、渭、洛惠渠为代表。黄河下游以山东、河南几处的虹吸工程较有特色。海河流域以1933年兴建的滹沱河灌溉工程规模最大，有长480m的拦河坝。长江中下游以几处排水闸较著名。东南沿海、西南、两广、东北地区也兴建了一些农田水利工程。

综上所述，我国农田水利有着悠久的历史，历代劳动人民积累了很多“兴水利、除水害”的经验。但总的来说，在中华人民共和国成立以前，农田水利事业发展比较缓慢。截至1949年，全国仅有节水灌溉面积2.4亿亩，且灌溉排水工程大多为灌溉保证率较低的小型工程，除涝、排水工程更加薄弱，因而农田水旱灾害频繁。

0.1.2　中华人民共和国成立后我国的农田水利事业

中华人民共和国成立后，经过大规模的农田水利基本建设，我国农田水利工程的数量、效益面积和抗御水旱灾害的能力都有很大提高。截至2018年年底，全国共建成水库8.48万座，总库容4583亿m^3；万亩以上灌区5579处，有效灌溉面积3.37亿亩；全国农业年供水量由1000亿m^3增加到3920亿m^3。

中华人民共和国成立前，全国仅有低标准的农田灌溉面积2.3亿亩，占耕地面积的16.3%，主要靠小塘、小堰蓄水和简易工程引水，以及人力、畜力、风力提水，保证率很低。现在有效灌溉面积达到7.84亿亩，占耕地面积的55%，灌溉保证率也有了明显提高，节水灌溉面积已达到2.28亿亩。全国有渍涝盐碱中低产田约5亿亩，已不同程度治理了4亿多亩。

农田水利事业的发展，提高了农业抗御水旱灾害的能力，促进了农业生产的发展。南方很多地方水稻从一年一熟改为一年两熟、三熟，北方一些从来不种水稻的地方也在大面积地发展水稻。由于有了灌溉保证，北方冬小麦和棉花播种面积成倍增长。过去的一些低产田，通过治理变成了旱涝保收、高产稳产的农田。全国南、北各地已出现了不少粮食亩产超过千斤的县、市。黄淮海平原历史上是旱涝碱重灾区，经过多年治理，大部分地区变成了“米粮仓”。农田水利的发展，对促进林牧渔业的发展，改善农村生活条件和生态环境，繁荣农村经济也起到了重要作用。

1. 节水灌溉

近几十年来，中国在节水灌溉技术的研究推广、节水灌溉设备的开发生产、节水示范工程的建设、节水灌溉服务体系的建立等方面做了大量工作，积累了一定的经验，取得了显著的成绩。在多年的实践探索中，各地摸索总结出了一套适合各自特色的节水灌溉技术与方法。包括各种渠道防渗和管道输水技术；适合小麦、玉米等大田使用的管式、卷盘式、时针式移动喷灌以及常规的土地平整沟畦灌；适合棉花、蔬菜和果树等经济作物使用的滴灌、微喷灌、膜下滴灌、自压滴灌、渗灌等技术；南方水田的控制灌溉技术和田园化建设；西北干旱、半干旱地区的雨水集流、窖水滴灌技术；东北、西北等干旱地区的“坐水种”“旱地龙”、保水剂等抗旱措施。

节水灌溉在全国的迅速推广普及，取得了显著的经济效益和社会效益：

(1) 有效地挖掘了现有水资源的潜力，缓解了干旱缺水对灌溉发展的制约。全国农田亩灌溉定额已由1980年的583m^3/亩降到目前的约500m^3/亩。

(2) 促进了农业增产、农民增收。节水灌溉不仅节水，还具有节地、节能，省工、省肥，增产、增收等多方面效益。北京市顺义区实现喷灌化后，土地实播率提高20%，省工55%；相应地减少了平整土地、渠道清淤和修筑畦、埂的工作量。河北省三河市发展节水灌溉前，每亩灌溉用工4.1个，现在使用喷灌后只需0.85个工，全年省工96万个。东北地区玉米平均亩产为366kg，喷灌后一般亩产可达750kg，好的可达1000kg。广西推广水稻“薄、浅、湿、晒”节水灌溉技术后，每亩可增产25kg，节水100m^3。

(3) 为“两高一优”和现代化农业发展创造了条件。节水灌溉使粮田变成无埂、无渠、无沟的“三无田”，实现了大面积的平播，提高了农机作业效率，便于统一耕作、统一播种、统一灌溉、统一管理、统一施肥、统一收割，提高了农业机械化水平和集约化程度，促进了农业现代化的发展。如黑龙江的松嫩平原，过去一般一年只种一季粮，现在农民一年可以种2～3季（一季粮食、一季蔬菜或二季蔬菜），创出了一亩地“一吨粮、二吨菜，一年收入3000块”的佳绩。

(4) 保护了生态环境，带动了相关产业的发展。节水灌溉防止了因渠道渗漏和大水漫灌造成的土壤次生盐碱化，减少了地下水的过量开采和引水，保护了生态环境。目前，全国节水灌溉设备生产厂家已从几十家发展到200多家，年销售额达到50多亿元，同时还带动了其他相关行业的发展。近3年来，全国开展了300个节水增产重点县建设，建成了200多个高标准节水增效示范区和10个国家级节水示范市，全国共投入节水灌溉资金250亿元，发展节水灌溉工程面积8450万亩，水稻节水灌溉等非工程节水面积1.3亿亩；取得了年节水150亿m^3，增加粮食生产能力230亿kg的显著效益。

2. 灌区建设

经过几十年大规模的农田水利建设，灌溉事业有了很大发展。在灌溉工程中，大中型灌区是主力军。大中型灌区土地肥沃，农业生产条件好，灌溉保证率高，抵御干旱的能力强，农业产量高，是我国粮棉油菜主要生产基地。

此外，国有大中型灌区不仅担负着农田灌溉任务，而且还担负着向城镇乡村和工矿企业供水的任务。

3. 机井建设

机井建设的成就主要表现在以下几个方面：

(1) 发展了农业灌溉，促进了农业高产稳产。北方17个省（自治区、直辖市）、1200多个县（旗）都先后开展了打井、开发利用地下水的工作，对改变北方地区农业生产面貌、促进农业增产起到了重要作用。

(2) 改善和开辟了缺水草场，发展了牧区水利。北方地区建成供水基本井数千眼，加上其他小型水利设施，改善供水不足草原和开辟无水草原超十万平方公里，为牧业发展创造了条件。

(3) 解决了部分地区人畜饮水困难。在长期缺水的山丘区、牧区、黄土塬区和地方病区，通过打井，开发利用地下水，解决了约1亿人和大批牲畜的饮水困难，同时发展了农田灌溉，许多地方结束了“滴水贵如油，年年为水愁”的历史。

(4) 促进了农业机械化和农村电气化建设。几十年来的机井建设，增加了提水动力，相应地增加了输变电线路，大大改善了打井地区发展农业、工副业和多种经营的条件。

4. 泵站建设

几十年来，全国兴建了一大批机电排灌泵站。到2004年年底，全国就已建成固定排灌泵站50余万座，配套机井418万眼，各种农用水泵593万台。全国泵站灌排总效益面积达5.3亿亩，其中灌溉面积4.68亿亩，排涝面积0.62亿亩。

泵站工程建设因地制宜，合理布局。大江大河下游，如长江、珠江、海河、辽河等三角洲以及大湖泊周边的河网圩区，地势平坦，低洼易涝，河网密布，主要发展了低扬程、大流量，以排为主，灌排结合的泵站工程；在以黄河流域为代表的多泥沙河流，主要发展了以灌溉供水为主的高扬程、多级接力提水泵站；丘陵山区蓄、引、提相结合，合理设置泵站，与水库、渠道串联，以泵站提水解决地形高低变化复杂，地块分布零散的问题。

几十年来，排灌泵站在抗御洪涝干旱灾害，改善农业生产条件，建设高产稳产农田，跨流域调水，解决城镇供水等方面发挥着愈来愈重要的作用，取得了显著的经济效益、社会效益。

5. 农田排水

中国有易涝耕地3.66亿亩，盐碱地1.15亿亩，渍害田1.15亿亩，产量低且不稳，严重制约着农业生产的发展和人民生活水平的提高。中华人民共和国成立以来，国家十分重视涝渍、盐碱灾害的治理，发动群众对排水河道进行清淤拓宽，修建了大量田间排水工程，建成固定排灌泵站50万座，对渍涝盐碱中低产田进行了有效治理。截至目前，全国已不同程度地治理易涝耕地3.08亿亩，盐碱耕地8418万亩，渍害田5000多万亩。

排涝、改碱、治渍效果十分明显。治理后粮食亩产增幅一般在100kg以上。仅1996年、1997年、1998年三年通过农田排涝，使约3亿亩农作物避免或减轻了涝灾损失，排涝减灾效益达800多亿元。黄淮海平原历史上是旱涝碱重灾区，粮食长期靠调入，经过多年治理，大都变成了"米粮仓"。开封市对黄河故道的250万亩旱涝沙碱低产田实行综合治理，粮食产量比治理前增产46%。

治理渍涝盐碱中低产田的环境效益和社会效益也十分明显。通过除涝、改碱、治渍工程设施，改善土壤生态环境，促使其向良性循环方向发展，为稳产、高产创造了适宜条件。结合农田林网建设，种树绿化，防风固沙，对改善田间小气候起到了重要作用。结合开沟挖河，畅通水流，改善水质，对改善生活条件和生存环境都有重要作用。

6. 雨水集蓄利用

雨水集蓄利用的最初做法，是干旱缺水山区的老百姓为解决饮水困难，在房前屋后修窖、挖池、筑塘，集蓄雨水。1995年，甘肃省做出决定，开展"121"集雨工程建设，即每户修建$100m^2$的集雨场，打两眼水窖，采用节水灌溉的办法，发展一亩庭院经济，取得了良好效果。此项工作很快扩展到全国15个省（自治区、直辖市）。

随着集雨节灌的推广，集雨的方法由最初利用庭院、打谷场、屋顶集雨发展到在田野上用混凝土、三合土、塑料薄膜铺设的人工集雨场，以及利用公路路面、学校操场等集雨，也有利用天然洼地、山间小沟来集雨的；蓄水工程从水窖发展到旱井、水柜、水池、山平塘等多种形式；节水灌溉的方法，从最初的滴灌发展到移动滴灌、渗灌、小型喷灌以及能防止蒸发的膜下滴灌、土大棚滴灌等多种方法。

集雨节灌的发展，取得了以下几个方面的显著效益：一是解决了干旱缺水山区水资源开发利用的难题，使许多农户告别贫困，走上了致富奔小康的道路；二是找到了干旱山区发展"两高一优"农业的新路子，集雨节灌不仅解决了水的问题，还实现了水资源的高效利用。再与地膜覆盖、温室大棚结合起来，这就为"两高一优"农业的发展创造了条件；三是激发了群众发展生产、脱贫致富的积极性。按每亩田间节水灌溉设备投资500元计，与平原地区新发展一亩灌溉面积的投资相当，3～4年就可收回成本。农民从地膜滴灌玉米、大棚瓜菜尝到了甜头，看到了希望，坚定了信心，集雨节灌奔小康的积极性普遍高涨。

7. 农村水利改革

农村水利改革在以下三个方面也取得了新进展：

（1）小型水利设施管理体制和经营机制改革。在建立社会主义市场经济体制的新形势下，小型水利工程（即小机井、小塘坝、小泵站、小水池、小渠道等）原来集体所有的管理体制与农村分户经营的模式不相适应。针对这种情况，黑龙江、山东、河南、陕西、河北、山西、四川等省积极推进小型水利工程管理体制和经营机制改革，通过"拍卖、租赁、承包、股份制及股份合作制"等方式，明确所有权、拍卖使用权、放开建设权、搞活经营权，盘活了存量资产，调动了工程所有者的积极性，实现了小型水利工程建、管、用和责、权、利的统一。

小型水利工程产权制度改革主要有以下四种形式：

1）股份合作制。即把工程固定资产划分为若干股，将部分或全部股权出售。股东共同出资，共同劳动，既取得劳动报酬，又按股分红。这在新建工程和原有工程的改造中普遍采用。

2）拍卖。拍卖是对工程的所有权和使用权实行公开竞价出售。小型水利工程的拍卖与其他资产的拍卖有所不同，是有条件地拍卖，一般来说，对规模小的工程拍卖所有权，规模大的工程拍卖使用权。这在机井、塘坝等小型水利工程中普遍采用。

3）承包。承包是在工程所有权不变的情况下，由承包方与发包方签订承包合同，承包方按发包方的意愿进行管理或经营，按合同规定向资产所有者交纳承包费。这在小型水利工程中广泛采用。

4）租赁。租赁是承包的继续和发展，偏重于经营和开发。承租者在不违背合同规定的情况下，可以改变资产经营方向。承租者在租赁期内独立进行经营，按合同交纳租金，承租期满时应保证重新核定的资产达到合同规定值。这主要适用于配套差、管理不善、开发潜力大的水利工程。

全国约有小型水利工程 1600 万处，目前已有 303 万处进行了产权制度改革，其中：实行股份合作制的小型水利工程有 43 万处；进行拍卖的小型水利工程有 38 万处；实行租赁的小型水利工程有 19 万处；进行承包的小型水利工程有 203 万处。

通过承包、租赁、拍卖、股份合作等方式，对小型水利工程进行产权制度改革，使广大农民群众真正成为小型水利工程投资、建设和管理的主体，较好地解决了小型水利工程投资、建设和管理等方面存在的问题，调动了广大农民群众投资办水利的积极性，加快了小型水利工程的两个根本性转变。这项改革措施，为农村水利建设和管理注入了新的活力，对加强农田水利基础设施建设，优化产业结构，促进农村经济的快速发展具有极为重要意义。

(2) 灌区管理体制和经营机制的改革。灌区在进行续建配套和更新改造的同时，在管理体制改革和转换经营机制等方面也取得了新的进展。转换经营机制，就是在搞好农业灌溉服务的前提下，利用自身的水土资源优势，发展多种经营。在实行股份制、股份合作制及用水户参与管理和建立农民用水者协会方面取得了很多好的经验。

(3) 农业灌溉水费改革。为了扭转农业灌溉水费偏低，价格背离价值的情况，很多省、市根据水利产业政策的要求，加大了农业灌溉水费改革的力度，出台了农业水费改革的政策，由按亩收费变为按方收费，逐步实现按成本计收水费。

8. 农村水利服务体系建设

目前，全国农村水利服务体系已初步形成了包括乡镇水利管理站、工程专管机构和群众管水组织三个层次的农村水利服务网络。共有全民或集体性质的水利服务组织 4.6 万个，拥有人员 120 万人，此外还有大量的群众性服务机构和人员。

根据其服务内容，大体上可分为专业技术服务、行政管理协调、群众自我服务三种类型。

第一类是专业技术服务组织。目前全国共有 2.1 万个，拥有人员 106 万人，这类组织大都是县水利局的下属单位，属全民事业性质，技术力量较强，是农村水利服务体系中技术推广的“龙头”。主要任务是从事农村水利工程勘测设计施工，运行、维修、管理中型水利工程，引进、普及和推广水利水保技术，培训农民水利水保员。他们的经费主要来自水利事业费、水费及有偿服务收入。

第二类是行政管理协调性机构，即乡镇水利水保管理站。他们既是县水利局的派出机构，又是乡镇政府开展水利工作的参谋部门，是带有一定行政协调性任务的事业单位。其主要任务是协助上级水利部门完成辖区内水利工程的建设和管理，处理水事纠纷，开展小流域治理和监督，负责辖区内水利工程及机电设备的维修、养护，开展乡镇供水，推广先进灌溉排水及水土保持技术等。经费来源主要靠水费收入、多种经营收入以及财政补贴等。

第三类是群众自我服务组织。主要有村水利服务队、抗旱服务队、打井队、管井员、护堤员、放水员等。其成员绝大部分是农民，他们通常季节性地组织起来完成水利建设和救灾中的一些具体工作。

多年来，农村水利服务组织围绕促进农业高产稳产，改善农村生产条件，帮助农民脱贫致富等方面做了大量工作。一是为大规模的农田水利基本建设提供良好的技术服务。二是维护管理现有大量的小型水利工程，使其效益得到进一步发挥。三是促进科学技术在农田水利工程中的应用。四是解决人畜饮水困难，发展乡镇供水，改善农民生活条件，提高农民健康水平。五是为治理水土流失、加快贫困山区农户脱贫做出了贡献。

0.1.3 存在问题

中国农田水利事业得到长足发展，取得了举世瞩目的成就，为中国农业和农村经济的发展做出了重大贡献。但也存在一些问题，主要是：

（1）抗灾减灾能力低。目前中国部分耕地没有灌排设施；已有灌排设施的耕地中，抗灾减灾能力也不强。农业生产仍受制于天，农业靠天吃饭的状态未得到根本性改变。

（2）农业用水紧张。经济高速发展，工业和生活用水明显增加，非农业用水大量挤占农业用水，使原来就比较紧张的灌溉用水显得更为短缺，已影响到农业可持续发展。

（3）灌排工程效益衰减。中国大部分灌排工程是20世纪60—70年代兴建，经过十多年运行，20世纪80年代整体进入老化期。20世纪80年代以后，国家和整个社会投资出现非农化的倾向，农田水利投资严重不足，工程效益衰减。

（4）农田水利改革还没有突破性进展。农村水利改革滞后，传统的农村水利运行机制、管理体制仍占主导地位，农村水利事业缺乏生机与活力。

0.1.4 工作方向

1. 坚持不懈地开展农田水利建设

21世纪农田水利建设，在目标上，由改变农业生产条件转变为既改善农业生产条件又改善生态环境；在发展动力上，要由政府行政推动转变为行政手段与经济手段相结合；在施工方式上，要由人海战术转为人机结合，以机为主；在投入上，要由以政府投资、群众投劳变为受益者投资为主，政府扶持为辅。

21世纪农田水利建设的重点，在东南沿海、长江三角洲、珠江三角洲、胶东半岛以及大、中城市周边，由过去开沟挖渠，努力改善农业生产条件，转变为以农田现代化园区建设为重点，着力改变生存环境。在黄淮海、西北、东北广大平原区，将大力发展节水灌溉。在坡陡谷深的广大山丘区，要发展蓄雨节灌，缓解严重缺水对农业生产的制约。

2. 加快农田水利改革

(1) 明确改革目标。农村水利改革从长远看是要建立起与社会主义市场经济相适应的管理体制和运行机制，促进农田水利事业健康发展。就近期而言，在体制上，切实解决目前工程所有者主体不明、管理责任不落实、工程效益衰减的问题，建立起职责明确、监督有效的水管理体制。在机制上，通过改革形成自行筹资、自行建设、自主经营、自定水价、自我还贷的发展机制。

(2) 搞好灌排工程经营体制的转换。按照先小后大、先易后难的原则，先抓试点，循序渐进，力求实效。

(3) 抓好农村水利行业管理体制改革。做好三项工作。第一，进行投资改革，增加农水资金筹集、使用、管理上的透明度，接受群众监督，防止在多种经营成分并存阶段农水经费投向上的不合理。第二，推进水资源管理的改革，实行水资源所有权与使用权的分离，在水资源所有权不变的前提下，允许资源使用权在一定条件下的有偿转让与流通。第三，转变水行政主管部门职能。弱化经营职责，强化管理职能，做好监控，服务、协调等工作。可以预见，到2030年，我国农村水利管理体制改革将取得突破性进展。

3. 加强农田水利队伍建设

要完善农村水利组织结构。减少农村水行政机构和从业人员，进一步提高办事效率。重组专业技术服务组织，建立起平等的合作关系。专业技术服务组织与专业服务组织之间联系要由行政联系占主导，变成经济、技术合作占主导，形成新的合作网络。促进群众性水利合作组织的发展。

要努力提高人员技术业务素质。根据农村水利不同工作岗位的特点，水行政主管部门与有关部门合作，加大培训力度，努力建设一支高素质农村水利从业队伍。

4. 加大农村水利科研与技术推广力度

加强科研，建立起与灌排大国相适应的科研体系。国家要加大对农田水利科研投入力度，重点用于基础理论的研究和重大技术开发利用，农田水利科研投入应与水利总经费挂钩。地方也要保证本地重点研究的经费，鼓励有实力的灌排单位出钱出物支持研究开发和技术创新。

农田水利科研的本身也应进行一些调整，研究的重点也应转移，在继续工程技术研究的同时，更多关注农田水利热点、难点问题，多搞一些前瞻性研究、宏观研究，为工程管理和行政决策出思路，出办法。

进一步加强科研成果的应用和推广，有计划、有重点、有步骤地推广应用一批新技术、新工艺、新材料，提高水利科技成果转化率。

0.1.5 农田水利工程地区性的特点和治理措施

在不同的国家和一个国家的不同地区，由于自然条件和经济条件的差异，其水旱灾害产生的原因、危害程度以及采取的防治措施也有所不同。

中国由于受季风气候的影响，降水和径流在时间上和地区上分布很不均匀。在地区上年降水量由东南沿海向西北内陆依次递减。东南湿润水量充足，西北干旱而水源短缺。以淮河为界，秦岭山脉和淮河以南统称南方，年降水量800～2000mm，北方年降水量小于800mm。北方属于干旱、半干旱地区，降水年际变化很大，有连续的枯水年和丰水年出现的特点，且大部分地区夏秋多雨产生洪涝灾害，春冬少雨而出现干旱。对此，中国的农田水利工程措施应因地制宜，一般情况下，南方以防洪除涝为主，灌溉、排渍、治碱等综合治理；北方以灌溉为主，防洪、除涝、治碱、水土保持等综合治理。

0.2　灌溉排水工程学研究的对象和基本内容

0.2.1　灌溉排水工程学的概念

灌溉排水工程学又称为农田水利学，是研究农田水分状况和有关地区水情变化规律及其调节措施，消除水旱灾害，利用水利工程为农业生产服务的一门科学。

0.2.2　调节农田水分状况的措施和研究内容

农田水分状况指农田地面水、地下水、土壤水状况和与其相关的通气、养分、热状况。

1. 调节农田水分状况的措施

（1）灌溉措施：按照作物需要，通过灌溉系统有计划地将水量输送分配到田间，以补充农田水分的不足。

（2）排水措施：通过排水系统，将农田内多余的水分排入容泄区，易涝易碱地区有排渍排盐措施。

2. 灌溉排水工程学研究内容

（1）研究农田水分运动规律，探求土壤、作物、水分三者之间的内在联系。

（2）研究作物需水规律、灌水方法和灌水技术，为发展节水高效型农业服务。

（3）研究农田排水的原理和方法，灌排系统的规划设计。

（4）研究灌排工程施工工艺。

（5）研究灌排系统的管理。

（6）研究灌排试验、灌排经济效益分析等。

（7）研究灌排工程对环境的影响。

0.2.3　改变和调节地区水情的措施和研究内容

地区水情指地区水资源的数量、分布、动态。

1. 调节措施

（1）蓄水保水措施。通过水库、水保、田间蓄水拦蓄径流，改变水量在时间上的分布状况地区上分布的不平衡。

（2）调水引水措施。通过引水渠道，将地区之间、流域之间水量互相调剂，从而改变水量在地区上的分布。

2. 研究内容

(1) 研究地区和流域农田水利工程规划的基本理论、方法、经验。

(2) 研究地面水、地下水、外来水联合开发利用措施。

(3) 研究分洪减流、防洪除涝措施。研究水资源开发、利用、保护等经济效益，探求水资源系统规划论证方法。

第1章　土壤的基本物理性质

农业生产的基本特点是生产出具有生命的生物有机体。从广义上来说，农业生产包括饲养业与种植业两大部分。最基本的任务是发展人类赖以生存的绿色植物的生产。而绿色植物所必需的生活条件，即日光（光能）、热量（热能）、空气（O_2及CO_2）、水分和养分。其中，除光能来自太阳辐射外，其余皆与土壤有关：水分、养分主要通过根部自土壤中吸收，而土壤的热量和空气则主要依靠人类通过土壤管理来直接控制和调节。此外，土壤还为植物提供了根系伸展的空间和机械支撑的作用。这些都充分表明了，土壤为植物生长繁育提供了吃（养分供应）、喝（水分供应）、住（空气流通、温度适宜）、站（根系伸展、机械支撑）等必需生活条件，因此植物生产必须以土壤为基地。

人类在利用土壤资源中所采取的干预措施正确与否，将直接对农业生态系统良性循环的维持与发展起着举足轻重的作用，如科学灌溉，合理施肥、耕作、栽培良种、发展生态农业等，皆可促进农业生态系统良性循环、发展。但若毁林开荒、陡坡种植、盲目施肥、大水漫灌……会带来水土流失、土壤沙化、土壤盐渍化、土壤污染等不良后果，使农业生态平衡遭到破坏，给人类带来损失和灾难。

土壤可以泛指具有特殊结构、形态、性质和功能的自然体。它的特殊形态是地球陆地表面，特殊结构是疏松层，具有肥力是其特殊性质，能够生长绿色植物是其特殊功能。由此可以定义：“土壤是指覆盖在地球陆地表面，具有肥力特征的，能够生长绿色植物的疏松物质层。”

通常将未经过人工开垦的土壤称为自然土壤；经过开垦、耕种以后，其原有性质发生了变化，称为农业土壤或是耕作土壤。

对于生态系统中能量与物质循环的起始点、自然界食物链的起源地、农业生产链环中的基础环节来说，只有全面理解土壤在农业生产和生态环境中的重要性，正确掌握土壤的概念与土壤的基本物质组成，才能正确认识土壤并掌握其变化规律，使之更好地服务于生态农业的发展。

1.1　土壤密度与容重

1.1.1　土壤密度

土壤密度应称为土壤固相密度或土壤平均密度，用符号ρ_s表示：

$$\rho_s = \frac{m_s}{V_s} \tag{1-1}$$

式中　m_s——土壤的固相质量；

V_s——土壤的固相体积。

绝大多数矿质土壤的 ρ_s 为 2.6～2.7g/cm³，常取其平均值 2.65g/cm³。ρ_s 的大小主要取决于土壤的矿物部分和有机部分：土壤中氧化铁和各种重矿物含量高时土壤密度 ρ_s 增高，有机质含量高时 ρ_s 降低。

通常用比重表示土壤密度，是指土壤的密度与标准大气压下 4℃时水的密度之比，又称相对密度。一般情况下，水的密度取值为 1.0g/cm³，故比重在数值上与土壤密度 ρ_s 相等，但没有量纲。

1.1.2　土壤容重

土壤容重是干的土壤基质物质的量与总容积之比，用符号 ρ_b 表示：

$$\rho_b=\frac{m_s}{v_t}=\frac{m_s}{v_s+v_w+v_a} \tag{1-2}$$

由于 $v_t>v_s$，故 $\rho_b<\rho_s$。若土壤孔隙 v_f（$=v_w+v_a$）占土壤总容积 v_t 的一半，则 ρ_b 为 ρ_s 的一半，为 1.30～1.35g/cm³。土壤容重与土壤质地、压实状况、土壤颗粒密度，土壤有机质含量及各种土壤管理措施有关。土壤越疏松多孔，容重越小，土壤越紧实，容重越大；有机质含量高、结构性好的土壤，容重小；耕作管理水平和方式可影响土壤容重。

1.2　土壤三相组成

由岩石风化，经成土过程形成疏松的土壤，其大小不等的土壤颗粒胶结在一起形成许多土壤孔隙，水分和空气相互消长充满其间。所以，土壤是由固相、气相、液相三相物质组成。

一般土壤的基本组成是固相物质的体积约占 50%，包括矿物质、有机质和土壤生物。其中矿物质土粒占固体部分质量的 95%～99%，占整个土体容积的 38%左右，为岩石风化而来或成土过程中形成的，常谓之“土壤骨骼”。有机质占固体部分质量的 1%～5%，占整个土体容积的 12%左右，由生物残体及其腐解产物构成。土壤生物包括土壤动物（昆虫、蠕虫），植物（根系、藻类）以及土壤微生物等，以微生物的数量最多，每克土约有 10 亿个，但其质量、容积极小，常归入有机质内。液相占整个土体容积的 15%～35%，主要由地表进入土壤，由于可从土壤固、气相中浸溶各种可溶性物质而成为土壤溶液，常谓之“土壤血液”。气相占整个土体容积的 15%～35%，其构成可分为两部分，即近地面大气层进入土壤气体 O_2、N_2 等以及土壤内部产生的气体 CO_2、水汽等，常谓之“土壤空气”。液相和气相的体积约占 50%，两者共同存在于固相物质之间的孔隙中，形成一个互相联系、互相制约的统一整体，为植物提供必要的生活条件，是土壤肥力的物质基础。

1.3 土 壤 质 地

1.3.1 土壤机械组成和质地

任何一种土壤，都不是由单一粒级组成，而是由几个粒级组合在一起。土壤中各种粒级的配合比例，或各粒级在土壤重量中所占的百分数，称为土壤的机械组成。根据不同机械组成所产生的特性而划分的土类就是土壤质地。质地是土壤稳定的自然属性，反映母质来源及成土过程某些特征，对肥力有很大影响。在生产实践中，土壤质地常常作为认土、用土和改土的重要依据。

各国对土壤质地的分类标准并不统一。目前，我国常采用的土壤质地分类标准，是根据卡庆斯基制的物理性砂粒和物理性黏粒而划分的（表 1－1）。中国科学院南京土壤研究所等单位也拟定了我国土壤质地分类标准，见表 1－2。

表 1－1　　土壤质地分类　　%

土壤质地名称	砂土类		壤土类			黏土类
	砂土	壤砂土	轻壤土	中壤土	重壤土	黏土
物理性砂粒含量	>90	80～90	70～80	55～70	40～55	<40
物理性黏粒含量	<10	10～20	20～30	30～45	45～60	>60

表 1－2　　我国土壤质地分类　　%

质地组	质地名称	颗粒组成		
		砂粒 1～0.05mm	粗粉粒 0.05～0.01mm	细黏粒<0.01mm
砂土	粗砂土	>70	—	<30
	细砂土	60～70		
	面砂土	50～60		
壤土	粉砂土	>20	>40	
	粉土	<20	<40	
	砂壤土	>20		
	壤土	<20		
	砂黏土	>50	—	>30
黏土	粉黏土	—	—	30～35
	壤黏土			35～40
	黏土			40～60
	重黏土			>60

1.3.2 不同质地类型的肥力特性和利用改良

1. 不同质地土壤的肥力特点和利用

土壤的质地不同，对土壤的水、肥、气、热状况，土壤的耕作性状，作物出苗难易、快慢、整齐度及成熟早晚等综合反应能力有较大影响。在生产上，必须因土制宜，合理利用与改良。

(1) 砂土类。物理性砂粒含量占80%以上，颗粒粗，比表面积小，粒间大孔隙多于黏土和壤土，毛管孔隙少，总孔隙低。因此，土壤通气透水性好，有机质分解快而累积少，保水保肥性差，容易造成水肥流失，水分蒸发快，造成土壤散墒，容易引起土壤干旱、土温昼夜温差大，土温升温快，降温也快，有"热性土"之称。黏性小，疏松好耕，耕作时省力，宜耕期长，比较适宜块根、块茎作物的种植。砂性土"口松"，出苗快、齐、全，但因养分贫乏容易造成作物中后期脱肥，早衰，因此，砂性土"发小苗不发老苗"。在管理上，要注意施有机肥，多灌溉，灌溉、施肥时，应"少量多次"，分次进行。

(2) 黏土类。物理性黏粒含量占60%以上，粒间孔隙小，毛管孔隙多，总孔隙相对高。保水保肥性强，但通气透水性差，易滞易涝，有机质分解慢，易累积，易产生还原性有毒物质。昼夜温差小，土性偏冷，有"凉性土"之称，尤其在早春不利发苗。因此，与砂性土相反，黏土"发老苗不发小苗"。可塑性强，耕性不良，宜耕期短。在含水量过多的情况下，作物往往会烂根烂种。在管理上，雨季要及时排除渍水涝水，并注意施有机肥以改良土壤。

(3) 壤土类。是一种含黏含砂适中的土壤。具有松而不散、黏而不硬、耕性良好、干湿都好耕等特点，宜耕期长，通气透水，保水保肥性较好，是农业生产上较理想的土壤质地。

2. 土壤质地的层次性

土壤质地除了不同土壤种类之间有差别外，在同一土壤剖面的上、下层之间也可能有很大差别。土壤不同质地层次在土体中的排列状况，称为土壤质地剖面。形成土壤质地层次的原因主要有三方面：一是母质本身的层次性；二是成土过程中物质的淋溶和淀积；三是人为耕作管理活动。

土壤质地剖面复杂多样，一般的结构有通体均一型（上下层质地通体砂或通体黏或通体壤型）、上粗下细型、上细下粗型或粗细相间、成夹层型。土壤质地层次结构对土壤肥力有很大的影响。上粗下细的土壤，即耕层为砂壤—轻壤，下层为中壤—重壤，是较佳的质地剖面。上部通透性好，可以接纳较大降水，减少水土流失，利于养分转化；下部偏重的质地，能够起到保水托肥的作用。对水、气、热协调能力较强，有"蒙金土"之称。上细下粗型的土壤，即耕层为中壤质地以上的土层，下层为砂质、砂壤质等较轻土层，这是差的质地剖面。上层毛管孔隙多，保水强，通透性差，如有机质含量低，则易板结，耕性差；下层砂性强，上部的肥、水易流失，下部地下水不易向上运行。

3. 不良土壤质地的改良

对不同质地的土壤，首先要强调因土制宜地耕作和管理。

(1) 客土法。搬运别地土壤（客土），掺和在过砂或过黏的土壤里，使之相互混合，以改良本土质地的方法，称为客土法。这种方法消耗的人力物力较大，一般要就地取材、因地制宜。

(2) 引洪漫淤法。自然洪水中所携带的淤泥主要是冲蚀地表的肥土，含养分丰富，是改良质地的好材料。通过人为办法，有目的地把洪流有控制地引入农田，使细泥沉积于砂质土壤中，以达到增厚土层、改良质地的目的。引洪漫淤法适用于改良沿江河两岸的砂质土壤。

(3) 增施有机肥，改良土壤结构。每年大量施用有机肥，不仅能增加土壤中的养分，而且能改善过砂过黏土壤的不良性质，促进土壤团粒结构的形成，增强土壤保水、保肥性能。

1.4 土 壤 团 粒 体

1.4.1 团粒体

土壤团粒体包括团粒和微团粒。近似于球形，疏松多孔的小土团称为团粒结构（图1-1），是含有机质丰富土壤肥沃的标志特征。团粒结构的直径一般为0.25～10mm，小于0.25mm的称为微团粒。

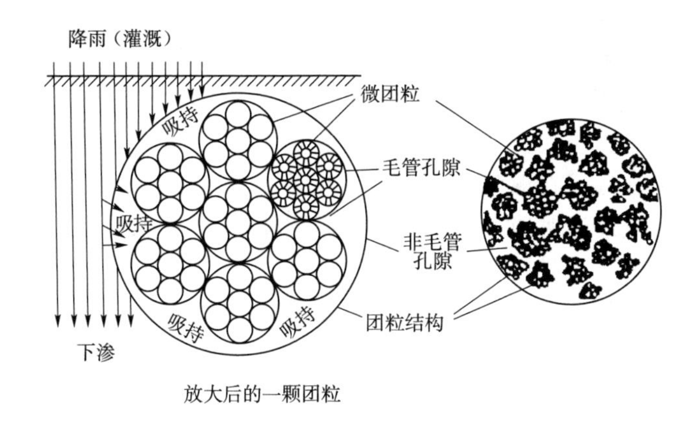

图1-1 团粒结构示意图

微团粒结构体在调节土壤肥力的作用中有着重要意义，首先，它是形成团粒结构的基础，在自然状态下，最初是土粒与土粒相互黏结成黏团，然后不断地团聚成微团粒，微团粒再团聚成团粒，不同土粒结构见图1-2。其次，微团粒在改善旱地土壤方面的作用虽然不及团粒，但对长期淹水条件下的水稻土，微团粒的数量在水稻土的耕层占有绝对优势。我国南方农村俗称的蚕沙土，泡水不散、松软、土肥相融，对水稻生长有利。研究表明，微团粒结构是衡量水稻土肥力和熟化程度的重要标志之一。微团聚体数量越多，水稻土的肥力越高，水稻产量越高而且稳定。因此，团粒和微团粒均是土壤中良好的结构体，是各种结构体中最理想的一种。

这种结构体由有机质胶结而形成，常出现在表土中，具有良好的物理性能，其数量的多少和质量的好坏，可反映土壤肥力水平。团粒具有水稳性（泡水后结构体不易分散）、力稳性（不易被机械力破坏）和多孔性，改良土壤结构性就是指促进团粒或类似结构的形成。

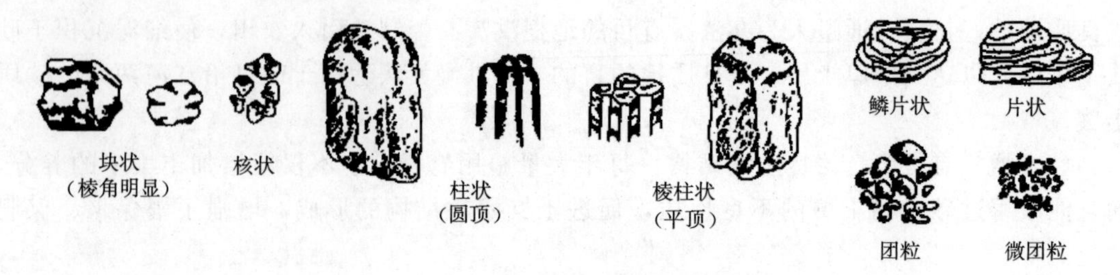

图 1-2　不同的土粒结构

1.4.2　团粒结构的形成

不同类型土壤结构的形成过程不同，在形成机制上有很大的差异，土壤结构的形成过程一般是指团粒结构的形成过程。土壤团粒结构的形成大体上可分为两个阶段：第一阶段是单粒经过凝聚、胶结等作用形成复粒（微团粒）；第二阶段是复粒进一步黏结，在成型动力作用下进一步相互逐级黏合、胶结、团聚，依次形成二级、三级……微团聚体，再经多次团聚，使若干微团聚体胶结起来，形成各种大小形状不同的团粒结构体。

单粒经凝聚形成复粒，再经进一步依次胶结团聚形成微团聚体、团聚体和较大结构体。可使单粒聚合成复粒并进一步胶结成大的结构体的作用主要有以下几种。

（1）黏粒的黏结作用。黏粒具有较大的比表面积，它们之间可借助分子引力相互黏结起来。土粒越细，凝聚力越大，越利于形成土壤复粒。

（2）水膜的黏结作用。在潮湿的土壤中黏粒所带负电荷，可吸附极性水分并使之形成薄的水膜，当黏粒相互靠近时通过水膜而联结在一起。土粒越细，总毛管凝聚力越大。当土壤含水量进步增加时，水膜厚度增大，毛管凝聚力减弱。

（3）胶体的凝聚作用。带负电荷的黏粒因外围有扩散层而悬浮分散，其实质是分散在土壤悬液中的胶粒相互凝聚而析出的过程。因此，在农业生产上常施石灰（石膏）促使土粒凝聚而改善土壤结构。Fe^{3+} 和 Al^{3+} 的凝聚力虽强于 Ca^{2+}，但均会导致土壤中磷的固定，且 Al^{3+} 具有潜在的毒害或酸化等作用，因此，一般应用很少。

（4）胶结作用。土壤中的土粒、复粒通过各种物质的胶结作用进一步形成较大的团聚体，土壤的胶结物质大体上有以下两类：

1）无机胶体的胶结作用。土壤中的 $Fe_2O_3 \cdot xH_2O$、$Al_2O_3 \cdot yH_2O$、$SiO_2 \cdot zH_2O$ 等，常以胶膜形态包被在一起。由于凝胶的不可逆性，由此形成的结构体也具有相当程度的水稳性。我国南方红壤中的结构体主要是由含水的铁、铝氧化物胶结而成的。这些结构体由于相当致密，其内部孔隙度、孔径也小，对土壤的调节作用小于有机胶体胶结的结构体。

2）有机质的胶结作用。土壤中的腐殖质、多糖类、蛋白质、木质素以及许多微生物的分泌物和菌丝均有团聚作用。其中以腐殖质，特别是胡敏酸的胶结作用，对结构形成的作用较大。同时抗微生物的分解能力强，形成的团粒结构更稳定，腐殖质中的胡敏酸的缩合程度高且相对分子质量大，具有较强的胶结能力。真菌的菌丝体能缠结土粒，细菌分泌的黏液也能胶结土粒，但这些有机物很容易被微生物分解，胶结的效果较差。

此外，木质素、蛋白质都有一定的团聚作用。根系分泌物以及蚯蚓肠道黏液等都可把分散的土粒黏结成稳定的团粒。

1.4.3 团粒结构对土壤水分的影响

团粒之间排列疏松多为通气孔隙，而团粒内部微团粒之间以及微团粒内部则为毛管孔隙。当土壤中1～3mm水稳性团粒结构体较多时，其大小孔隙比最符合干旱地区种植业要求，而冷湿地区则以10mm团粒较多时更适合当地植物生长。同时，因团粒结构具有一定稳定性，可使其良好的孔隙状况得以保持。

当降雨或灌溉时，水分通过团粒间大孔隙迅速下渗，在经过团粒表面时，被逐层团粒内毛管孔隙吸收保持，避免了地表形成积水或径流（渗水性良好）；当降雨或灌溉停止后，粒间大孔隙迅速被外界新鲜空气所占据，保证了良好的通气状况；当土壤水分蒸发时，土壤表层团粒因脱水而迅速干燥、收缩，形成自然疏松层，切断了与下层毛管孔隙的连通，使下层水分不致上升至地表蒸发而保蓄在土体内部（保水、蓄水、供水性良好）。据试验表明，不同土壤在不同环境条件下，在团粒结构的土壤中，从表层可蒸发的最大水量不超过总降水量或灌水量的15%，而85%以上均被保持在土壤中。故可将团粒结构比喻成“小水库”。

团粒结构本身的构造特点，决定了其具有恰当的大小孔隙比，而空气与水分是互为消长的关系。良好的水分状况也就保证了良好的空气状况，并因空气与水的热容量不同，适宜的水气比例，必然导致土壤的温热状况适中，既利于升温而又具有稳温性，不会产生骤冷、骤热或长期高温、低温的现象。

1.5 土 壤 孔 隙

土壤是由固、液、气三相构成的多孔分散体系。在土粒之间，存在有复杂的粒间空隙，常称为土壤孔隙，是液相和气相共同存在的空间。土壤孔隙状况如何，直接关系到土壤水、气的流通、贮存以及对植物的供应是否充分、协调，并对土壤热状况及养分状况也有多方面的影响。

土壤水分与空气同时存在于土壤孔隙中，并呈互为消长的关系。土壤中孔隙所占的容积越大，水和空气的容量就越大。土壤孔隙有大有小，各自功能不同，大的可以通气，小的可以蓄水。为了同时满足作物对水分和空气的需求以及利于植物根系的伸展，在农业生产实践中，不仅要求土壤中孔隙容积要适当，而且还要求大、小孔隙的搭配比例也要合适。

1.5.1 孔（隙）度与孔隙比——土壤孔隙的数量指标

（1）孔（隙）度，又称总孔度，用以反映土壤孔隙总量的多少。通常用土壤孔隙容积（包括大、小孔隙）占土壤容积（固相+孔隙）的百分数，或单位体积土壤中孔隙所占的体积百分数来表示。即

$$土壤(总)孔度=(孔隙容积/土壤容积)\times 100\% \quad (1-3)$$

大多数土壤的孔度为30%～60%。旱作土壤耕层孔度以50%～56%适宜于大多数作物生长。

（2）孔隙比，指单位体积土壤中孔隙的容积与土粒（固相）容积的比值，是反映土壤

孔隙数量多少的又一种表示方式。

$$孔隙比=孔隙容积/土粒容积=孔度/(1-孔度) \tag{1-4}$$

孔（隙）度与孔隙比是土壤孔隙的数量指标，对于一般作物生长来说，旱作土壤耕层孔隙比以1或稍大于1为佳。

1.5.2　孔隙的分级——土壤孔隙的质量指标

1. 按其孔径大小及功能的不同，对孔隙进行分级

按孔径大小及其作用可分为3类：

(1) 非活性孔（无效孔）。以水吸力1500kPa为界，孔径约为0.002mm以下。是土壤孔隙中最细微的部分，保持在此间的水分由于被土粒强烈吸附，水分移动极慢，同时植物的根与根毛均难以伸入其内，故供水性极差。同时，微生物也极难入侵，使该孔隙内腐殖质很难分解，可保存数百年以上而不能为植物利用。因此，又称其为无效孔。

(2) 毛管孔（贮水孔隙）。相当于水吸力150～1500kPa，孔径为0.002～0.02mm。一般土壤孔径小于0.06mm时，已有较明显的毛管作用，当孔径为0.02～0.002mm时，毛管作用强烈，水分易贮存于其中，且毛管传导率大，毛管中所贮水分极易被植物利用，可保证持续供水，故又称之为贮水孔隙。

(3) 通气孔（空气孔隙或非毛管孔）。孔径大于0.02mm，相当于水吸力150kPa以下。其中水分不受毛管力吸持作用，但受重力作用向下排出，因而成为通气的过道。下雨或灌溉时，它可以大量吸收水分，渗水性好，但供水时间短，停止降雨或灌溉后，水分不能贮存其间而让位于空气，成为空气贮存地，故又称为空气孔隙。通气孔的数量和大小是决定土壤通气性和渗水性好坏的重要因素，反映了土壤空气的（最大）容量。旱地耕层土壤通气孔度应维持在8%～10%或25%以下，以10%～20%为最佳。

2. 各级孔度的计算

由于土壤孔隙的复杂性，各级孔隙的容积很难实测，常根据各类孔隙对土壤水分保持能力的不同，由不同水分常数和容重来计算出各种不同孔度。

$$\begin{aligned}非活性孔度&=(非活性孔容积/土壤容积)\times100\%\\&=凋萎含水量(\%)\times容重=最大吸湿量(\%)\times1.5\times容重\end{aligned} \tag{1-5}$$

$$\begin{aligned}毛管孔度&=(毛管孔隙容积/土壤容积)\times100\%\\&=[毛管持水量(\%)-凋萎含水量(\%)]\times容重\\&=[田间持水量(\%)\times容重]-非活性孔度(\%)\end{aligned} \tag{1-6}$$

$$\begin{aligned}通气孔度&=(通气孔隙容积/土壤容积)\times100\%\\&=[全持水量(\%)-田间持水量(\%)]\times容重\\&=总孔度(\%)-[毛管孔度(\%)+非活性孔度(\%)]\end{aligned} \tag{1-7}$$

当土壤达田间持水量时，这3种孔度还分别可以反映土壤中无效水、有效水和空气容量。

$$\begin{aligned}土壤总孔度&=(1-容重/相对密度)\times100\%\\&=全持水量\times容重\\&=非活性孔度(\%)+毛管孔度(\%)+通气孔度(\%)\end{aligned} \tag{1-8}$$

1.6 土壤有机质及其作用

1.6.1 土壤有机质

土壤有机质是由众多的有机（含碳的）物质组成的，包括活的生物体（土壤生物量）、土壤中已有生物体残存的含碳物质、土壤中过去和现在代谢产生的有机化合物。土壤中植物、动物和微生物的残存物持续地发生分解，并通过其他微生物作用，合成新的物质。微生物呼吸产生 CO_2，有机质从土壤中损失。正因为如此，有必要不断反复施用或归还新的植物和/或动物废弃物到土壤中，来保持土壤有机质含量。

矿质颗粒通过与有机质结合在一起形成团粒土壤结构，这样可使富饶的土壤变得疏松，也便于对其耕作管理。众多的土壤生物包括植物的根能产生某些似胶状物质，而这部分有机质是团粒的组成部分，在团粒的稳定性方面发挥着重要作用。

有机质也能增加土壤的持水能力和植物生长有效水的比例。另外，有机质是植物养分磷和硫的主要来源，也是大多数植物氮的主要来源。由于土壤有机质的分解，有机物中的这些养分元素被释放出来，成为可溶性离子被植物根系吸收。

1.6.2 土壤有机质的作用

1. 提供作物需要的各种养分

土壤有机质不仅是一种稳定而长效的氮源物质，而且它几乎含有作物和微生物所需要的各种营养元素。大量资料表明，主要土壤表土中大约80%的氮、20%～76%的磷以有机态存在，在大多数非石灰性土壤中，有机态硫占全硫的75%～95%。随着有机质的矿质化，这些养分都成为矿质盐类（如铵盐、硫酸盐、磷酸盐等），以一定的速率不断地释放出来，供作物和微生物利用。

此外，土壤有机质在分解过程中，还可产生多种有机酸（包括腐殖酸本身），这对土壤矿质部分有一定溶解能力，促进风化，有利于某些养分的有效化，还能络合一些多价金属离子，使之在土壤溶液中不致沉淀而增加了有效性。

2. 增强土壤的保水保肥能力和缓冲性

腐殖质疏松多孔，又是亲水胶体，能吸持大量水分，故能大大提高土壤的保水能力。此外，腐殖质改善了土壤渗透性，可减少水分的蒸发等，为作物提供更多的有效水。

腐殖质因带有正负两种电荷，故可吸附阴、阳离子；又因其所带电性以负电荷为主，所以它具有较强的吸附阳离子的能力，其中作为养料的 K^+、NH^+、Ca^{2+}、Mg^{2+} 等一旦被吸附后，就可避免随水流失，而且能随时被根系附近的其他阳离子交换出来，供作物吸收，仍不失其有效性。

3. 改善土壤的物理性质

腐殖质在土壤中主要以胶膜形式包被在矿质土粒的外表。由于它是一种胶体，凝聚力和黏着力都大于砂粒，施于砂土后能增加砂土的黏性，可促进团粒结构的形成。由于它松软、絮状、多孔，凝聚力又比黏粒小11倍，黏着力比黏粒小一半，所以黏粒被它包被后，易形成散碎的团粒，使土壤变得比较松软而不再结成硬块。表明有机质能使砂土变紧，黏土变松，土壤的保水性、透水性以及通气性都有所改变。同时使土壤耕性也得到改善，耕翻省力，适耕期长，耕作质量也相应地提高。

腐殖质对土壤的热状况也有一定影响。主要由于腐殖质是一种暗褐色的物质，它的存在能明显地加深土壤颜色，从而提高了土壤的吸热性。同时腐殖质热容量比空气、矿物质大，但比水小，而导热性质居中。因此在同样日照条件下，腐殖质质量分数高的土壤土温相对较高，且变幅不大，利于保温和春播作物的早发速长。

4. 促进土壤微生物的活动

土壤微生物生命活动所需的能量物质和营养物质均直接和间接来自土壤有机质，并且腐殖质能调节土壤的酸碱反应，促进土壤结构等物理性质的改善，使之有利于微生物的活动。

5. 促进植物的生理活性

腐殖酸在一定浓度下可促进植物的生理活性。腐殖酸盐的稀溶液能改变植物体内糖类代谢，促进还原糖的积累，提高细胞渗透压，从而增强了作物的抗旱能力。能提高过氧化氢酶的活性，加速种子发芽和养分吸收，从而增加生长速度。加强作物的呼吸作用，增加细胞膜的透性，从而提高其对养分的吸收能力，并加速细胞分裂，增强根系的发育。

6. 减轻农药和重金属的污染

腐殖质有助于消除土壤中的农药残毒和重金属污染以及酸性介质中铝、锰、铁的毒性。特别是褐腐酸能使残留在土壤中的某些农药如 DDT、三氮杂苯等的溶解度增大，加速其淋出土体，减少污染和毒害。腐殖酸还能和某些金属离子络合，由于络合物的水溶性，有毒的金属离子有可能随水排出土体，减少对作物的危害和对土壤的污染。

第2章　土　壤　水

2.1　定　　义

土壤水是土壤的三大组成物质之一。它并非纯水，其中不但溶解有各种物质，还含悬浮或分散其中的各种胶体颗粒，因此，土壤水是种含有多物质的稀薄溶液，它们存在于土壤孔隙中，对土壤和植物生长都起着十分重要的作用。具体主要表现为：

（1）参与了土壤中很多物质转化过程。其通过水化、水解、溶解等作用，影响着土壤矿物质化学风化过程的强度；通过影响土壤生物学特征，改变着土壤中有机物质的分解转化过程；还通过淋溶和蒸发过程，影响着土壤中养分物质的再分配。

（2）是植物吸水的最主要来源。在植物（除水培植物外）的整个生长过程中，土壤作为植物生长所需水分的最主要的提供者，对植物生长起着直接的影响。有报道指出，植物每形成1份干物质需要消耗125～1000份水，平均消耗300份水，所消耗的大量水分几乎全部都来自土壤水。

（3）土壤水是水资源的重要组成部分，它们与自然环境其他要素之间相互作用、相互影响，决定着生态系统建立、环境改善和经济建设等诸多方面。

2.2　土壤水的表示方法

土壤水是指在105℃的温度条件下从土壤中散失的水分。土壤水分含量主要有以下几种表示方法。

1. 土壤质量含水量（θ_n）

用土壤水的质量占烘干土重的百分数来表示：

$$\theta_n=\frac{W_1-W_2}{W_2}\times 100 \tag{2-1}$$

式中　θ_n——自然含水率或绝对含水量，%；

W_1——湿土质量，g；

W_2——105℃下的烘干土质量，g。

2. 土壤容积含水量

用单位体积土壤中土壤水分体积所占的百分数来表示：

$$\theta_v=v_w/v_s\times 100 \tag{2-2}$$

式中　θ_v——土壤水的体积百分率，%；

v_w——土壤水分所占体积，cm^3；

v_s——土壤体积，cm^3。

土壤容积含水量与土壤质量含水量通过土壤容重存在着换算关系：

$$\theta_v = \theta_n \times \text{土壤容重} \tag{2-3}$$

3. 土壤水层厚度（D_w）

在一定面积和土层厚度的土壤中，土壤水的水层厚度为

$$D_w = \theta_v \times T_s \tag{2-4}$$

式中　D_w——土壤水层厚度，mm；

T_s——土层厚度，mm。

该种表示方法由于与气象资料和作物耗水量所用的水分表示方法一致，因此，十分便于互相比较和互相换算。

4. 土壤相对含水量

土壤自然含水量占某种水分常数（一般是以田间持水量为基数）的百分数。

$$\text{土壤相对含水量} = \text{土壤含水量}/\text{田间持水量} \times 100 \tag{2-5}$$

通常认为，相对含水量为60%～80%，是适宜一般农作物以及微生物活动的水分条件。

2.3　土壤水的类型

根据水的形态及其在土壤中的可移动性，可以将土壤水划分为如下类型。

1. 固态水和气态水

固态水是指土壤水冻结时形成的冰晶，如冰和雪。这种类型的土壤水分无法被植物直接吸收利用。气态水则指存在于土壤孔隙中的水蒸气，其多少影响着土壤空气湿度。

2. 束缚水

束缚水是指受土壤吸附力作用而保持在土壤孔隙中的水分。根据所受土壤吸附力的大小，又进一步细分为吸湿水和膜状水两种类型。

（1）吸湿水。土壤可以通过分子引力将空气中的水汽分子吸收到土壤颗粒表面，这种性质称为土壤的吸湿性，以这种方式保存的水分称为土壤吸湿水。由于分子引力的作用距离很短，只有几个水分子直径，因此土壤中吸湿水含量很少。吸湿水在强烈的土壤吸附力的作用力下，被土粒表面牢固吸附，不能运动，也无法被植物吸收利用，因此，这种水分类型又被称为紧束缚水。土壤吸湿水不具有溶解能力，含量多少受土壤质地、有机质含量和空气湿度的影响。黏质土壤比表面积大，吸附力强，吸湿水含量高，砂质土吸湿水含量低；土壤有机质含量和空气相对湿度高，吸湿水含量高，反之，含量则低。

（2）膜状水。土壤颗粒吸附吸湿水后，还具有一定的剩余引力，这种引力虽然无法吸附能量高的水汽分子，但仍然可以吸引能量相对较低的液态水，于是在吸湿水的外层又形成一层水膜，以这种状态存在的水分称为膜状水。与吸湿水相比，膜状水所受到的引力相对较小，因此，又称为松束缚水。其特点主要表现为保持力较吸湿水低，可以运动，但只能通过水膜间的接触由水膜厚处向水膜薄处移动，且移动速度极其缓慢，一般只有0.2～0.4mm/h，在植物缺水时无法做到及时补充，因此，这部分水分对植物生长而言，仅部分有效，有效性很低。

3. 毛管水

如果将一根毛细管插入水中，由于毛管力的作用，容器中水分会在毛管力的作用下，沿毛细管上升，并被保存在毛细管中，这一现象称为毛细现象。一般认为，当毛细管孔径为0.1～1mm时，有明显的毛管作用，孔径为0.05～0.1mm时，毛管作用较强，孔径为0.05～0.005mm时，毛管作用最强，孔径为<0.001mm的毛管作用消失。

土壤孔隙系统复杂，相当数量的孔隙具有通过毛管力保存水分的能力，这种借助毛管力保持在土壤中的水分，称为毛管水。根据其存在特点，又可以进一步将其分为两类，即毛管悬着水和毛管上升水。

土壤毛管水在土壤所受的毛管力的大小为0.08～0.625MPa，远小于一般植物根系的吸水能力（平均为1.5MPa），从而可以被植物充分吸收和利用。另外，毛管水可以在土壤中以10～300mm/h的速度向各个方向快速运动，同时具有溶解养分的能力，因此，土壤毛管水是植物生长中最为宝贵的水分类型。

（1）毛管悬着水。毛管悬着水是指不受地下水源补给的影响，借助毛管力保持在上层土壤毛管孔隙中的水分，其来源主要是大气降雨和灌溉。这种土壤水分不与地下水相连，好像是悬挂在上层土壤中一样，故称之为毛管悬着水。

壤土和黏土的毛管系统发达，悬着水主要存在于其中的毛管孔隙中，但也有一部分会保存在下端堵塞的非毛管孔隙中；砂土和砾质土壤多为大孔隙，毛管系统不发达，悬着水主要是围绕在土粒或石砾接触点附近。在地下水位较深，无法补充土壤水分的情况下，土壤悬着水是植物利用的最主要的水分，随着植物的利用和土面的不断蒸发，悬着水逐渐减少，造成粗毛管孔隙中原来连续的毛管水发生断裂，水分所受土壤吸力值增大，水分运动速度减缓，造成植物根系吸收困难。在植物生长大量需水时期，会在一定程度上影响生长。

（2）毛管上升水。毛管上升水是指土壤中受地下水支持，在毛管力作用下沿着毛管孔隙上升并保存在土壤中的毛管水。其在土壤中表现出自下而上逐渐减少的垂直分布特征，在接近地下水位处，毛管上升水几乎充满所有孔隙。

土壤中毛管上升水的最大上升高度，理论上可由下列公式计算得出

$$H=75/d \tag{2-6}$$

式中 H——毛管水上升高度，mm；

d——土粒平均直径，mm。

根据公式可见，毛管水在粗孔隙中，上升高度小，而在细孔隙中，上升高度大。如果取直径为0.001mm的土粒计算，理论上毛管水上升高度应达到75m，但根据自然界观测结果，这个数值从未被证实，即使在黏土中，其上升高度也很少能够达到5～6m，应该是因为土壤孔隙系统过于复杂所致。

一般认为在地下水位1～3m的地区，由于地下水的不断补充，土壤经常保持湿润。但地下水位超过3m的地区，地下水难以直接上升到地表，表层水分只能更多地依靠人工灌溉或自然降水加以补充。

4. 重力水

当大气降雨或灌溉强度超过土壤持水能力时，部分水分会临时保存在土壤大孔隙（通

气孔隙）中，这部分水分称为重力水。尽管可以被植物吸收利用，但因为它们在重力的作用下可以迅速渗漏到根层以下，因此利用率很低。过多的重力水不仅导致水分的浪费，同时也会造成砂质土壤可溶性养分的流失或黏性土壤长期积水导致通气不良。

5. 地下水

如果下渗的重力水在土壤中遇有不透水层，就会在不透水层上聚集，形成一定厚度的水分饱和层，称为地下水。地下水位的高低，可能会对土壤和植物的生长产生强烈的影响。比如在干旱炎热地区，地下水位过高，就可能会导致水溶性盐类随着水分的蒸发在土壤表层聚集，在地下水矿化度高的条件下，土壤表层含盐量会增加到有害程度，导致盐碱化；在湿润地区，地下水位过高，会导致土壤过湿，使多数高等植物不能正常生长，有机残体分解缓慢并在分解过程中产生有害的还原物质。

2.4 土壤水分常数

1. 吸湿系数

吸湿系数又称最大吸湿量，是指干土在相对湿度近饱和的空气中吸附水汽分子的最大量。当土壤含水量等于吸湿系数时，土壤中的水分类型只有吸湿水，土壤水吸力为3.1MPa（水吸力概念将在本节后面部分描述）。土壤吸湿系数的大小主要取决于土壤中黏粒和有机质含量，富含有机质的黏性土壤吸湿系数大。土壤吸湿系数可以用来粗算土壤的凋萎系数。

2. 最大分子持水量

土壤中膜状水达到最大含量时的土壤含水量称为最大分子持水量。此时含水量约为吸湿系数的2～4倍。达到最大分子持水量时，土壤水分类型包括：吸湿水和膜状水。

3. 凋萎系数

当植物产生永久萎蔫时，土壤的含水量称为萎蔫系数。达到萎蔫系数时，土壤水分类型包括吸湿水以及部分没有被植物吸收利用的膜状水，因此可以认为萎蔫系数是植物可以利用的土壤有效水的下限。萎蔫系数的大小主要受土壤质地、植物种类和气候状况的影响。一般认为，土壤黏性越强，萎蔫系数越大。不同质地土壤萎蔫系数范围见表2-1。

表2-1　不同质地土壤的萎蔫系数（θ_m）　%

土壤质地	粗砂壤土	细砂土	砂壤土	壤土	黏壤土
萎蔫系数	0.96～1.1	2.7～3.6	5.6～6.9	9.0～12.4	13.0～16.6

土壤萎蔫系数可以通过直接测定或按照该土壤最大吸湿量的1.34～1.50倍换算得出，换算得到的数据精度较差。

4. 田间持水量

毛管悬着水达最大量时的土壤含水量称为田间持水量。土壤含水量达田间持水量时，土壤水分类型包括：吸湿水、膜状水和悬着水。田间持水量是反映土壤保水能力大小的一个指标，也是大多数植物可以利用的土壤水分上限，因此可以作为灌溉水量定额的指标。超过这个数量，多余水分无法保持，会以重力水形式渗漏出根层，造成水分浪费。田间持水量的大小受土壤质地、结构、有机质含量和耕作状况等诸多因素的影响。不同质地和耕作条件下，土壤田间持水量差异很大。结构良好、富含有机质的黏质土壤，田间持水量较大。

5. 毛管持水量

毛管上升水达到最大量时的土壤含水量成为毛管持水量。在此含水量时，土壤水分类型包括吸湿水、膜状水和毛管上升水。

6. 饱和持水量

土壤全部孔隙都充满水时的土壤含水量称为饱和持水量或全持水量。土壤达到饱和持水量时，包括了吸湿水、膜状水、毛管水和重力水等所有的土壤水分类型。在自然条件下，只有在降雨量或者灌溉量较大的情况下土壤才能达到饱和持水量水平。

尽管从理论上讲，某一个土壤应该有其固定的土壤水分常数值，但由于土壤本身的复杂性以及测定的条件所限，使得土壤水分常数值并不固定，而是多在较为固定的范围内变动。

7. 土壤水分的有效性

不同土壤水分类型对植物生长的有效性不同。土壤水分有效性的高低很大程度上取决于土壤吸水力和植物根系吸水力的相对大小。在土壤吸水力大于根系吸水力的情况下土壤水不能被植物直接吸收利用，为无效水；反之，则为有效水。

一般把达到萎蔫系数和田间持水量时的土壤含水量分别作为土壤有效水的下限和上限，因此，可以根据土壤的萎蔫系数、田间持水量和自然含水量来简单推算某种土壤可以达到的有效水最大含量和当前有效水的实际含量。

土壤有效水的最大含量(%) =田间持水量(%)－凋萎系数(%)　　(2-7)

土壤有效水的实际含量(%) =自然含水量(%)－凋萎系数(%)　　(2-8)

土壤有效水的最大含量不但受土壤因素的影响，同样还和植物本身的吸水能力有关，根系吸水能力强，最大有效水含量范围增加。因此，在干旱地区选择合适的植物品种，培育健壮的根系，对提高土壤水分的利用率有着重要意义。

2.5 土 壤 水 势

土壤水与自然界中其他物质一样都具有动能和势能，只不过土壤中所保持的水分与江河大川的水比较，移动速度极其缓慢，因而土壤水的动能一般忽略不计，只考虑其势能。土壤水分的能量状态用土水势来表示。

前已述及土壤水所受力有吸附力、毛管力、重力以及土壤水分饱和时的静水压力等，在这些力的作用下，与相同条件下的纯自由水相比土壤水的势能（或自由能）降低，其差值即为土水势，用符号 ψ 表示。所以，土水势不是土壤水分势能的绝对值，而是以相同条件下纯自由水做参比标准的差值，是一个相对值。

根据热力学定律，任何物质的运动都是从自由能高的地方向自由能低的地方进行。同样，土壤水总是由土水势高处流向土水势低处。

土壤水分受各种力的作用，不同作用力引起的势能变化称为土水势的分势。包括基质势、压力势、溶质势和重力势等。

(1) 基质势（ψ_m）。基质势是由固相土壤颗粒的吸附力和毛管力所引起的水势变化。制约基质势的作用力的大小由固相土粒的组成性质及其土粒间的孔隙状况所决定。在土壤水分不饱和的状态下，土壤水受吸附力和毛管力的吸持，自由能降低，其水势低于纯自由水参比标准的水势。假定纯水的势能为0，所以基质势总是负值。土壤含水量愈低，基质势就愈低；反之，土壤含水量愈高，基质势愈高。当土壤水完全饱和时。基质势达到最大与参比标准相等值为0。

(2) 溶质势（ψ_s）。溶质势是由土壤水中溶解的溶质引起土水势的变化，也称渗透势。因为溶质对水分子的吸引，土壤水的自由能降低，低于参比标准的纯水，所以溶质势为负值。土壤水中溶解的溶质愈多，溶质势愈低。土壤水为稀薄的溶液，所以土壤水都有溶质势的存在，但由于土壤水中的溶质通常呈均匀分布状态，所以溶质势对土壤水分的运动一般不起作用。一般在非盐碱土上可忽略不计，但对于盐渍化土壤则不可忽略。土壤水中盐分含量较多时，溶质势低，植物吸水受到影响，如果盐碱土含盐量过高，溶质势低于植物根细胞内的水势时，植物会出现生理干旱，而无法正常生长。

(3) 重力势（ψ_g）。重力势是由重力作用引起的水势变化。所有土壤水都受重力作用，与土壤性质无关，在土壤中所处高度不同引起的水势变化仍然是相对值，即相对于参比标准高度而言。高于参比标准的土壤水，其所受重力作用大于参比标准，故重力势高且为正值；低于参比标准，则重力势就低且为负值。所以土壤水的重力势视参比标准，可正可负。参比标准高度一般根据研究需要，可设在地表或地下水面。

(4) 压力势（ψ_p）。压力势是土壤水在饱和状态下呈连续水体，土壤水承受静水压力，其水势与参比标准之差称为压力势。土壤水的压力势以大气压做参比标准。在水分不饱和土壤中的土壤水压力势与参比标准相同，等于0。但在水分饱和的土壤中孔隙都充满水，并连续成水体，在土表的土壤水与大气接触，仅受大气压力，压力势为0；而在土体内部的土壤水除承受大气压外，还要承受其上部水体的静水压力，其压力势大于参比标准为正值。此外，有时被土壤水包围的孤立气泡．对周围的水产生的压力，称为气压势；土壤水中悬浮的土壤颗粒对其周围的水产生的压力，称为荷载压，但目前在土壤水的研究中一般不予考虑。

土壤水的总水势（ψ_t）总土水势是以上各分势之和，用数学式表达为

$$\psi_t=\psi_m+\psi_s+\psi_g+\psi_p \tag{2-9}$$

在不同的土壤含水条件下，决定土壤总水势大小的分势组成不同。在非盐渍化土壤，溶质势一般认为0，土壤水分饱和状态下，基质势也为0，所以土壤总水势为压力势和重力势之和；土壤水分不饱和时，压力势为0，所以土壤总水势为基质势和重力势之和。在根据各分势计算土壤总水势时，进行代数运算，需注意参比标准和各分势的正负符号。

2.6 土壤水吸力

土壤水吸力是指土壤中保持的水在承受一定力的情况下所处的能态，简称吸力、张力或负压力，是一种不严格的表示方法由基质吸力和溶质吸力构成。因此，常用于土壤水分

不饱和的情况。由于在土壤水的保持和运动中不考虑溶质势，所以谈及的吸力主要是指基质吸力，其值与基质势相等，符号相反。根据土壤水吸力判断土壤水的运动方向时，土壤水是由吸力小处流向吸力大处。

2.7 土壤水分特征曲线

某一土壤条件下，土壤水分含量的变化必然反映出土壤水吸力或土壤基质势的不同，两者间存在着连续隶属的关系。将土壤含水量和土壤水吸力（或基质势）间的相关变化曲线称为土壤水分特征曲线。该曲线表示了土壤水分的基本特征，具有重要的理论和应用价值。图 2-1 为不同质地土壤水分特征曲线，从中可以反映出：

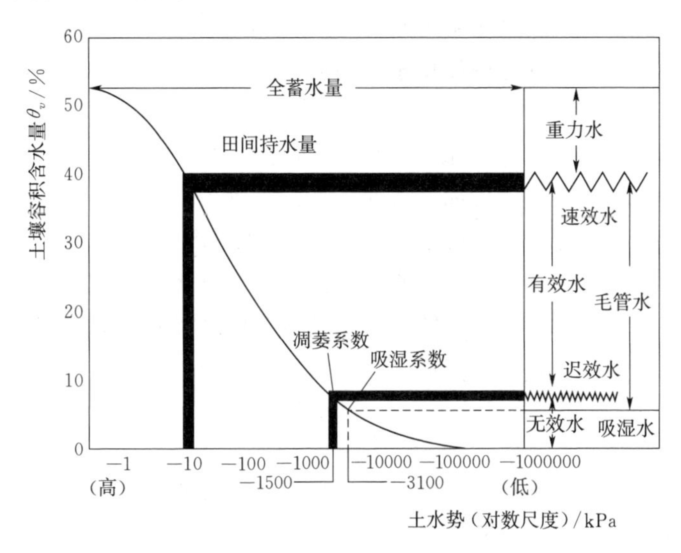

图 2-1　不同质地土壤水分特征曲线

（1）不同质地土壤中含水量和能量间的关系，可以作为土壤水分能量和数量间换算的依据。

（2）土壤水分的有效状况。例如，不同质地土壤的田间持水量和萎蔫系数差异很大，如果单纯地运用水分常数来描述土壤水分的有效性，由于标准不同，容易产生混乱。但土壤水分在达到某水分常数时，3 种质地土壤表现出相同的能量状态，即相同的土壤水吸力。因此，用水吸力作为统一标准，可以清楚反映出土壤水分的有效性。

（3）间接说明了土壤大小孔隙的分布特点。

（4）应用数学物理方法对土壤中的水运动进行定量分析时，水分特征曲线是必不可少的重要参数。土壤水分特征曲线不但受到土壤质地的影响，同时还受到土壤结构、土壤温度以及土壤水分的变化过程的影响。很多资料证实，相同条件下的同一土壤，土壤脱湿过程和吸湿过程所反映出来的水分特征曲线不同，这种现象称为滞后现象。造成滞后现象的原因并不清晰，可能是由于孔隙的几何不均匀性、孔隙中封闭的空气以及土壤颗粒的胀缩性。在过去的一些土壤物理的理论和实践中，往往忽略了滞后现象。这在单纯地研究土壤的湿润过程或干燥过程时，可能是可行的。但在湿润和干燥过程同时发生条件下，或者在土壤水分再分配的过程中，不考虑滞后现象的影响是不恰当的。

2.8 土壤水的测定方法

在林学、农学、生态学和水文学的研究中，常常通过测定土壤中的水分含量，了解土壤中化学、机械、水文和生物的关系。目前，采用的土壤水分测定方法主要包括：烘干法、电阻法、中电子散射法和TDR法等。

2.8.1 烘干法

烘干法是目前利用最为广泛的土壤水分测定方法。采集土壤样品后立即称量土壤湿重，将其放入105～110℃烘箱中，烘至恒重，以土壤湿重和烘干重量为基础，计算土壤质量含水量。此外，还可以利用红外线烘干、微波炉烘干和酒精烧失等一些快速方法达到烘干土壤的目的。

利用质量法测定土壤水分含量比较费时、费力，并且在采样、运输和多次称量过程中，都会产生不可避免的误差。例如，要使样品完全烘干，至少需要在105～110℃条件下烘干24h，但部分黏土即使烘干时间超过24h，仍然可能还保留有相当数量的水分，产生误差；在该温度下，土壤中一些有机物质可能发生分解氧化，导致烘干过程中土壤损失的重量，并不完全是水分损失所致。虽然可以通过增加样品的重复数目来减小误差，但过量的采样具有破坏性，可能会扰乱一个试验小区的试验结果。

2.8.2 电阻法

石膏、尼龙等一些多孔物质的阻值主要受吸水量的影响，阻值的大小和吸水量的多少存在一定关系。利用这一原理，将该类物质放入土壤，让其吸收土壤水分。达到平衡后，通过阻值和吸水量的关系，确定土壤含水量。该法优点十分明显，如果将电阻块和自动记录仪相接，可以连续测定田间土壤水分的变化。但是多孔物质阻值大小除受到土壤含水量的影响外，同样也受土壤本身的组成、质地和可溶性盐含量的影响，因此，在精度上会受到一定限制。

2.8.3 中电子散射法

中电子散射法在20世纪50年代就已广泛采用，并被认为是一种高效、可靠的土壤水分检测技术。

中电子水分测定仪由探针（含有快中子源和慢中子探测器）和脉冲计数器或定率计两个主要部件组成，它首先通过快中子源将快中子辐射到土壤中，这些快中子进入土壤后，会遇到各种原子核并与之发生反复的弹性碰撞，导致其运动方向发生偏转而被分散，动能逐渐减少，运动速率降低，最终转化成为慢中子。根据物理学基本原理，颗粒间的质量越接近，碰撞后的平均能量损失越大。在土壤中所遇的原子核中，氢原子核和中子质量最为接近，因而对快中子的缓和作用最强。如果土壤中含有一定浓度的氢，就会在放射源附近形成密度与氢离子浓度成比例的慢中子云，进而与土壤水的容积含水量也表现出一定的比例关系，从而得出土壤含水量。

该法优点明显，可以节省劳力、快速测定、不破坏土壤结构，在同一地点可以重复测定，而且不受温度和压力变化的影响。利用中子散射法还可以测定较大容积土壤中的水分含量，这在水分平衡的研究中十分有利。与一般的重量含水量的测定方法相比，更能代表田间的实际情况。

但这种方法也存在一定的局限性，它只能应用于较深土层的水分测定，而不能用于有机质含量较高的表层土壤。因为有机质中氢的干扰，会影响土壤水分的测定结果。

2.8.4 TDR 法

TDR 法又称为时域反射仪法（time - domain reflectometry）。该方法是在 20 世纪 80 年代发展起来的，目前在国外已经获得较为广泛的应用。时域反射类似一个短波雷达系统，它根据电磁脉冲从输出到受到反射重新返回输出点的时间以及返回脉冲的衰减程度，计算土壤的水分含量。这种方法和其他土壤水分测定方法相比，具有直接、快速、方便、可靠的特点，而且土壤类型、密度、温度等因素都不会对测定结果产生影响，独立性很强。不但可以测定土壤水分含量，同时还可以监测土壤盐分状况。

2.9 田间土地水的管理

2.9.1 水田土壤的特点

水田土壤是指在淹水耕作管理下，以种植水稻为主的土壤。它不同于旱地，也不同于一般旱作物灌溉地，水稻旱种地也不属于水田。由于水稻生长期间有时要求田面保持一定的水层，有时需要排水落干，有部分水田需要进行水旱轮作，因此水田土壤经历了频繁的干湿（或水旱）交替，形成不同于旱地的特殊土壤。它的物质转化与运移、养分的保持与释放、生物学特性与过程都有其特殊的规律。水田淹水时期，耕层土壤呈水多气少的状态，土壤热容量大，水、热状况较稳定，表现出温度变化较小、变化速度缓慢的特征。一般水田土壤多处于还原状态、耕作层一般为 100～300mV。淹水减少了土壤中的氧气质量分数，好气性微生物的繁育受到抑制，嫌气性微生物占据优势，导致有机质分解速度缓慢。所以，水田土壤的有机质含量水平一般比旱地土壤的高。

2.9.2 水田土壤的水分管理

水田土壤水分管理主要包括灌溉、排水、晒田和渗漏 4 个方面。由于降雨和水稻需水量之间的不平衡，需要进行灌溉和排水，有时为了调控水稻的生长和更新土壤环境，需要排水、晒田。因此，根据稻田水分循环规律调节田间水分状况对于节约用水、提高水分利用率和水稻产量具有极其重要的作用。

1. 灌溉

我国稻作区域辽阔，生态环境差异悬殊，稻田需水量差异极大，单季稻每亩稻田需水量一般为 550～2280mm，双季稻为 680～1270mm。稻田需水量有由南向北逐渐增大的趋势。

我国南方稻区稻田灌溉定额：一季稻为300～420mm（相当于200～280m^3）；双季稻为600～860mm（400～573m^3）。而北方稻区灌溉定额变化较大，一般为400～1500mm（267～1000m^3）。不同灌溉方式对需水量次序为：深水灌溉＞浅水灌溉＞干干湿湿灌溉＞湿润灌溉。引起灌溉量产生差异的原因主要是由于土壤的渗漏量不同。因此，渍水耙耖、堵塞田埂漏洞是降低稻田灌溉水用量的有效措施。

2. 排水、晒田

稻田排水主要是为改变水稻生长环境和排除过多的降水而采取的一种措施。早稻在生长初期需要白天排水增温，夜晚灌水保温。一般在水稻的分蘖末期至幼穗分化初期，通过排水晒田来控制无效分蘖，促进生殖生长。晒田的程度要根据苗情和土壤而定，苗数足、叶色浓、长势旺、肥力高的田应早晒、重晒，反之，应迟晒、轻晒或露田。排水晒田的另一个重要作用是改善土壤的通气性，提高土壤的氧化还原电位，减少Fe^{2+}等还原物质对水稻的毒害。

3. 渗漏

稻田适宜的垂直渗漏量一直被认为是高产土壤的重要肥力指标，它的作用在于：一方面，补给渍水条件下的土壤氧，使微生物能进行正常的活动；另一方面，减少嫌气条件下产生的有毒还原物质，但过高的渗漏量会引起土壤养分的流失和水分消耗。因此，调节好稻田土壤渗漏是稻田水分管理的一项重要措施。

江苏省的26个灌溉试验站的资料汇总显示，适宜的稻田日渗漏量为9～15mm/d。而广东珠江三角洲、浙江金华、上海郊县报道分别为7～15mm/d，10～15mm/d，3～4mm/d，渗透量可通过一定的措施进行调节，对于渗透量过强的稻田，如水旱轮作的水稻土一般需要进行渍水耙耖来减少孔隙数量而降低渗透量，而新辟稻田则需增施有机肥和掺入黏土，待淹水土壤发生还原及黏土充分膨胀后再进行耙耖，将有较好的减少渗漏效果。

2.9.3　旱地土壤水分管理

针对旱地水资源严重匮乏的实际情况，水分管理就显得十分重要。土壤集水技术主要有两类：一类是工程集水技术；另一类是直接存储于土壤水库的富集叠加技术。

（1）工程集水技术基本原理是利用集水面集水，水窖存储，这是我国黄土高原缺水地区存蓄雨水、雪水的一种水利设施。

（2）土壤水库的富集叠加技术主要包括以下几种：

1）微型聚水两元覆盖法，即在休闲期起垄后，在垄上覆盖地膜，沟内覆盖作物秸秆，作物在地膜两侧采用沟播或者在地膜上采用穴播。在增加休闲效率和播种时底墒的效果比起垅覆膜沟播技术更好。

2）沟种法。小沟种法亦称丰产沟法，沟垄种植法。就是在单位面积上开2条沟3条垄，沟宽及垄面各30cm，生土筑垄，熟土全部回填垄沟内用以播种。1～3年垄沟、垄背互换位置。

3）坑种法。就是把农田做成若干带状低畦或方形深穴小区，在田内每隔一定距离掘一深方坑，坑种的最大好处是坑内深翻，蓄水量大，水肥集中，产量高。

2.9.4 果园土壤水分管理

1. 果园土壤灌溉

果园灌溉时期及灌溉量的确定方法如下：

(1) 据土壤湿度确定。适于果树生长的土壤含水量是田间最大持水量的60%～80%，低于60%时需进行灌溉。灌水量(T)=灌溉面积×灌水深度×土壤容重×(田间持水量－灌前土壤含水量)。该方法简便实用，但准确性较差。

(2) 土壤水分张力计法。即根据张力计测定的土壤水势变化来指导灌溉。采用地面灌溉和喷灌的果园，灌溉下限的土壤水势一般为－0.06～－0.08MPa，上限为－0.01～－0.02MPa在滴灌条件下，土壤水势需维持为－0.01～－0.02MPa。上述指标范围仅供参考。

(3) 水分平衡法。即当$\theta+P-D-ET$接近于0时开始灌溉（θ为某一段时间开始时的土壤可利用水量；P、R、D、ET分别为时段内的累积降雨量、累积地表径流量、累积土壤深层渗漏量、蒸散量）。灌溉量小于或等于根系分布层的最大可利用土壤含水量。

2. 灌溉方法

(1) 地面灌溉。地面灌溉又有分区灌水、沟灌、树盘灌水和穴灌等。分区灌水和沟灌简单易行、投资少，我国北方果园多采用这种灌溉方式。但该方法耗水量大，灌水后土壤易板结，应及时中耕。穴灌和树盘灌溉灌水集中，较省水，常见于水源不足、灌水不便的果园。目前农村普遍采用拉软管进行穴灌和树盘灌溉，因投资少、省水、机动灵活而普遍受到生产者的欢迎。

(2) 地下灌溉。地下灌溉是利用埋设在地下的透水管道，将水输送到地下的果树根系分布层，借助毛细管作用湿润土壤，达到灌溉目的的一种灌溉方式。这是一种节水能力很强的方式，而且不致引起土壤板结，又便于果园耕作。但是投资较大，管道检修困难，目前世界范围内仍应用较少。

(3) 喷灌。喷灌是利用机械把水喷射到空中，形成细小雾状，进行灌溉。目前生产上主要用管道式喷灌机和移动式喷灌机来进行喷灌。喷灌较地面灌水具有省水、省工、保土、保肥、防霜、防热、防止土壤次生盐渍化、减少渠道占地、调节果园小气候等优点，其主要问题是投资较大。

(4) 滴灌。果园滴灌是将接有许多出水滴头的一定长度的细小软管，架设在果树行内，水源打开后，所有滴头同时以水滴或细水流慢慢注入果树根系分布范围内。滴灌具有比喷灌更省水、省肥、适应地区范围广、灌水效果和效益好等优点。但是开始建设时投资较大，软管长期日晒雨淋易老化，也易被人为损坏，滴头易堵塞。

2.9.5 园林土壤水分管理

水分多少直接影响花卉的生长发育过程。水分多，花卉会出现徒长现象，甚至烂根死亡；水分少，则出现萎蔫现象，无法正常生长。因此，灌溉是花卉栽培的一项重要措施。灌溉的方式主要有以下几种。

1. 沟灌

沟灌是通过畦沟进行灌溉，水在沟中流动时，借助毛管作用和重力作用湿润畦两侧和沟底土壤，具有较好保持土壤疏松和灌水效率高等优点。

2. 喷灌

喷灌是利用水泵或自然水头，把有压水流喷射到空中并形成水滴洒落地面，如同降雨那样湿润土壤。这是一种较先进的灌溉技术，它的优点是容易控制灌水定额，能较好地保持土壤的良好结构，可以调节田间的空气湿度，在炎热的夏季起到降温作用，而且能冲洗掉植物叶茎上尘土，使花卉艳丽。在地面不平情况下也能做到较均匀灌水。其缺点是耗能、设备投资和运行成本较高，在强风下不能灌溉。另外，喷水头雾化不好，水滴太大，对播种小苗不利。

3. 微灌

微灌包括滴灌、微喷灌、涌泉灌等，它是通过低压管道系统与安装在末级管道上的特别灌水器（滴头、涌水器和滴灌带等），将水和植物所需的养分经较小的流量（2～200L/h）均匀、准确地直接输送到植物根部附近的土壤表面或土层中，是当今世界上最先进的灌水技术之一，也是保护土壤常用的灌溉技术。灌水时只灌植物根部，基本上不产生地面径流和深层渗漏，水的利用率较喷灌提高 15% ～25%。由于可把水与养分同时向植物输送，既可节省人工，又可及时满足植物对水分和养分的要求。但投资和运行成本高，推广受到限制。

2.9.6 菜地土壤水分管理

1. 浇灌

浇灌多在水源充足的菜田中采用。沟中的水平面距畦面控制在 20cm 左右畦水相连，取沟中的水进行浇灌。灌溉的次数视蔬菜品种而定，一般叶菜类每天 2～3 次，而果菜类则可几天一次。水分运动既有浇水的由上而下，也有由下随毛管而上升，对蔬菜生长极为有利。

2. 沟灌

沟灌多是引水库水或抽取地下水直接灌进畦沟，直到水分渗透畦面为止，一般每周灌一次，视土壤水分和蔬菜品种而定。

3. 喷灌

喷灌可节约用水，通过喷头喷洒既可满足蔬菜对水分的需求，又增加田间湿度，改变田间的小气候。目前许多地区都先后采用这种先进的灌溉方法。

2.9.7 食品基地土壤水分管理

1. 水质要求

灌溉水要求清洁无污染。为了保证产品的质量，在选择有机食品 、绿色食品、无公害食品生产基地时，除了对灌溉水源水的数量有一定的要求外，更重要的是对灌溉水质的要求。因此基地选择时必须对灌溉水质进行检测，农田灌溉水中各污染物含量不应超过所列的限值，有机食品农田灌溉水质应符合 GB 5084《农田灌溉水质标准》的标准，绿色食品灌溉水质应符合 NY/T 391—2000《绿色食品产地环境技术条件》的标准，无公害食品不同作物对灌溉水质要求不同，灌溉水质要求需符合生产相应作物的标准，并采取防污措施保护和维护水质。

2. 加强排灌系统保护

有机食品生产的地块其排灌系统与常规地块应有有效的隔绝措施，以保证常规地块的水不会渗透或漫入有机食品生产地块。

第3章 农田土地利用与改良

3.1 土壤潜育化与治理措施

3.1.1 潜育化土壤的成因及障碍因素

1. 土壤潜育化的成因

土壤潜育化是指土壤受积滞水分的长期浸渍，土体封闭于静水状态下，得不到通气与氧化；同时，在易分解有机物还原的影响下，使土壤的 *Eh* 值（氧化—还原电位）下降，土壤矿质中的铁、锰处于还原低价状态，土体显青色或青黑色。砂质土体一般呈灰青色，闭结，不松散；而黏质土则呈糊黏状青泥，其塑性强，而少裂隙或铁锰结核。

潜育化土壤的特点是地下水位高，经常受水浸渍，土体被水饱和，处于缺氧还原状态。在土表至50cm深度范围内部分土层（≥10cm）有潜育特征，呈Ap1(耕作层)—Ap2(犁底层)—Br(水耕氧化还原层)—BG(斑纹潜育层)—G(潜育层）或Ap1—Ap2—(Br)—BG—G剖面构型。在剖面构型中，所谓潜育层（或青泥层），就是指在潜水长期浸渍下土壤发生潜育化作用，高价铁锰化合物还原成低价铁锰化合物，颜色呈蓝绿色或青灰色的土层。这个土层反映着潜育化发育的特征。

2. 潜育化土壤的障碍因素

潜育化土壤多分布于沿江河湖荡的低湿地及三角洲冲积平原和丘陵沟谷尾部的低洼地。其水文状况属地下水型，土壤以还原状况占优势。由于特定的水热条件而导致土壤的水、肥、气、热不协调，土壤肥力低，是一种障碍性低产土壤。其主要障碍因素如下：

(1) 地下水位高、土温低。由于所处地势低，土体常为水所浸泡，地下水位高，潜育层出现位置高，距地面50cm以内，受水浸影响，土温较低。一些受到山谷冷泉或冷水影响的土壤，水土温度较一般水田土壤低4～5℃，早季水稻回青慢。

(2) 还原性强，有害物质多。由于渍水和地下水位高，排水不良，通气性差，*Eh* 值＜100mV，土壤中含有较多的有机酸、Fe^{2+}，Mn^{2+} 和 H_2S 等还原性物质，这些还原性物质的聚积，对水稻植株及其根系有毒害作用，水稻生长慢，分蘖少，黑根多。

(3) 土粒分散，结构不良。此类土壤耕层一般较为深厚，除发育于花岗岩地区的土壤质地较粗之外，一般较为黏重，耕作层中粒径小于2μm的黏粒可达40g/kg。土粒分散，结构不良。由于部分土壤长期淹水，耕作层糊烂，犁底层发育不良。

(4) 土壤有机质含量高，养分有效性低。由于土壤中嫌气条件占优势，土壤有机质分解不完全，耕层有机质含量较高，在20～40g/kg之间，高的可达70g/kg以上，C/N比值高达13以上，氮素含量为2～3g/kg，但其有效性不高，一些土壤的水解性氮约占全氮的10%。由于Fe、Mn含量较多，P的有效性低，因此，施用磷肥的效果显著。

3.1.2　潜育化土壤的治理

1. 排除渍水，降低地下水位

潜育化土壤主要存在问题是土壤中水多气少，嫌气还原性作用强烈，有毒物质多。因此，治理的办法是高标准开沟排除渍水，降低地下水位。对山坑冷底田、湖洋田、铁锈水田，则要开“三沟”，排“五水”，即环山开截洪沟、四周开环田沟、田中开“十”字形或“非”字形的排水沟，以排除山洪水、冷泉水、铁锈水、渍水和矿毒水。实践证明，对这一类型水田土壤，只要排除耕层积水，降低地下水位，就能显著增产。

2. 合理耕作

在开沟排除积水和降低地下水位后，在冬季就可以把耕层犁翻晒白。这对于土壤质地黏重、含有机质多的烂泥田更为重要。冬翻晒白有利于土壤结构的形成，改善土壤的通气性和渗漏性。促使还原物质的氧化，减轻其毒性，促进土壤有机质的分解和养分的转化，充分发挥土壤的潜在肥力。犁翻晒白后，改善了土壤的理化性状，土壤氮、磷、钾等养分的有效性显著增加，可显著促进水稻的生长。

3. 改单作连作为轮作

改单作连作为轮作，进行水旱轮作，把禾本科作物和豆科或十字花科作物结合起来，如早稻—晚稻—油菜、早稻—晚稻—绿肥（紫云英、苕子）、小麦—花生—晚稻、早稻—晚稻—小麦、早稻—晚稻—蔬菜、早稻—蔬菜等。试验表明，合理的轮作既可改良土壤，提高土壤肥力，又可提高粮食产量，用地养地相结合，提高土地的生产效益。

4. 增施石灰，降低土壤酸度

潜育化土壤特别是冷浸田，一般呈酸性反应，施用石灰不仅可补充水稻等作物的钙素营养，还可以中和土壤酸性，促进有机质的分解和土壤结构的形成，还由于土壤pH值提高，Fe^{2+}，Mn^{2+}等溶解度降低，减轻了这些还原物质对水稻的毒害。

5. 合理施肥

潜育化土壤有机质含量一般较高，部分土壤的潜在养分含量也较高，但有效养分较少，且不同的土壤养分丰缺不一，但大多数表现为P、K不足。因此，应实行因土施肥，做到缺磷补磷、缺钾补钾。此外，在进行水旱轮作时，应把磷肥集中施于旱作上，这样更能发挥磷肥的效果。

3.2　土壤盐碱化与改良措施

盐碱土是对各种盐土和碱土以及其他不同程度盐化和碱化土壤系列的统称，也称盐渍土。这些土壤中含有大量的可溶性盐类或碱性过重，导致土壤理化性质恶化，从而抑制大多数植物正常生长。具体指标见表3-1。

表3-1　土壤盐化程度分级指标（0～20cm土层）　单位：g/kg

盐分组成	盐化程度			盐土
	轻	中	重	
苏打（CO_3^{2-}、HCO_3^-）	1～3	3～5	5～7	>7
氯化物（Cl^-）	2～4	4～6	6～10	>10
硫酸（SO_4^{2-}）	3～5	5～7	7～12	>12

3.2.1　地理分布与形成条件

1. 盐碱土的地理分布

盐碱土在中国分布范围广，面积大，成土条件复杂，类型繁多。据统计，中国盐碱土的面积约2500万hm^2，其中耕地约670万hm^2。从东北平原到青藏高原，从西北内陆到东部沿海都有分布。在干旱、半干旱地区，广泛分布着现代积盐过程所产生的盐碱土；在干旱地区的山前平原、古河成阶地和高原上，仍可见早期形成的各种残余盐碱化土壤；在滨海地区，即使在长江口以南，包括台湾和南海诸岛在内的沿海，由于受海水浸渍的影响，分布有各种滨海盐土和酸性硫酸盐盐土。

2. 盐碱土的形成条件

（1）气候。除海滨地区以外，盐碱土主要集中分布于干旱、半干旱和半湿润地区，由于降水量小，蒸发量大，土壤水分运行以上行为主，成土母质风化释放出的可溶性盐分无法淋溶，只能随水向上转移，经蒸发、浓缩，盐分在土壤表层聚积，导致土地盐渍化。

（2）地形。地势低平，排水不畅是盐碱土形成的主要地形条件。这是由于盐分随地表水和地下水由高处向低处汇集的过程中，使洼地成为水盐汇集中心，地下水经常维持较高水位，毛管上升水所携带的盐分上升到地表，在水分蒸发后，盐分随即聚积地表。但从小地形看，在低平地的局部高处，由于蒸发快，盐分随毛管水由低处往高处迁移，使高处积盐较重，从而形成斑状盐渍生态景观。

此外，由于各种盐分的溶解度不同，在不同地形区表现出土壤盐分组成的地球化学成分差异。从山麓至山前倾斜平原、冲积平原到滨海平原，土壤和地下水中的盐分相应的出现碳酸盐和重碳酸盐类型盐清化，逐渐过渡到硫酸盐类型和氯化物-硫酸盐类型，至水盐汇集末端的滨海低地或闭流盆地多为氯化物类型。

（3）水文及水文地质条件。盐碱土中的盐分主要来源于地下水。因此，地下水位的深浅和地下水含盐量的多少，直接影响着土壤盐渍化的程度。地下水埋深越浅和矿化度（以每升地下水含有的可溶性盐分的克数表示）越高，土壤积盐就越强。在一年中蒸发最强烈的季节，不致引起土壤表层积盐的最浅地下水埋藏深度，称为地下水临界深度。它是设计排水沟深度的重要依据。地下水临界深度并非是一个常数，与当地气候、土壤（特别是土壤的毛管性能）、水文地质（特别是地下水矿化度）和人为措施等有关。一般地说，气候越干旱，蒸降比越大，地下水矿化度越高，临界深度越浅。

（4）母质。母质对盐碱土形成的影响，主要决定于母质本身的含盐程度。在北方干旱、半干旱地区，大部分盐碱土都是在含有一定可溶性盐分的第四纪河湖沉积物、洪积物和风积物基础上发育形成的。有些地区，特别是在干旱地区，因受地质构造运动的影响，古老的含盐地层裸露地表或地层中夹有岩盐，从而成为现代土壤和地下水的盐分来源，或在极端干旱的条件下，盐分得以残留下来，成为目前的残积盐土。有的含盐母质，则是滨海或盐湖的新沉积物，由于受海水和盐湖盐水的浸渍而含盐。

（5）生物积盐作用。在干旱的荒漠地带，一些深根性盐生植物或耐盐植物从土层深处及地下水吸取大量的水溶性盐，并通过茎叶上的毛孔分泌盐分于体外，或当植物机体死亡后，在土壤中残留大量的盐分，成为表层盐分来源之一，从而加速土壤的盐渍化。但从总体上看，通过生物作用所积累的盐分仍然是很有限的，远不如其他因素的影响。

（6）人类活动对次生盐渍化的影响。由于盲目引水漫灌，不注意排水措施，渠道渗漏，耕作管理粗放，无计划地种稻等，引起大面积的地下水位抬高到临界深度以上，而使土壤产生积盐。

3.2.2　盐碱化土壤的危害及作物的耐盐度

1. 盐碱化土壤的危害

盐碱土中最常见的盐类，主要包括 Na、Ka、Ca、Mg 等的硫酸盐、氯化物、碳酸盐及重碳酸盐类。硫酸盐和氯化物一般为中性盐，碳酸盐、重碳酸盐为碱性盐。盐类种类不同，对作物产生危害程度亦不相同。盐碱土壤对农业生产的危害可归纳为以下几个方面：一是高浓度盐分引起植物“生理干旱”；二是盐分的毒性效应；三是高浓度的盐分影响作物对养分的吸收；四是强碱性降低土壤养分的有效性；五是恶化土壤的物理和生物学性质。

2. 植物的耐盐度

植物的耐盐度是指植物所能忍耐土壤的盐碱浓度。植物种类不同，其耐盐程度也有差异。当然，不同的生育期也有所差异，一般苗期耐盐能力差。不同作物的耐盐程度见表 3－2。

表 3－2　　不同作物的耐盐度（0～20cm 土层）　　单位：g/kg

耐盐力	作物种类	苗期	生育旺期
强	甜菜	5～6	6～8
	向日葵	4～5	5～6
	蓖麻	3.5～4	4.5～6
	䅟子	3～4	4～5
较强	高粱、苜蓿	3～4	4～4.5
	棉花	2.5～3.5	4～5
	黑豆	3～4	3.5～4.5
中等	冬小麦	2～3	3～4
	玉米	2～2.5	2.5～3.5
	谷子	1.5～2.0	2.0～2.5
	大麻	2.5	2.5～3.0

续表

耐盐力	作物种类	苗期	生育旺期
弱	绿豆	1.5～1.8	1.8～2.3
	大豆	1.8	1.8～2.5
	马铃薯、花生	1.0～1.5	1.5～2.0

3.2.3　土壤盐（碱）化的控制与改良

盐碱土由于含盐碱多，土壤肥力水平低，生产性能较差，是中国重要的低产土壤。同时盐碱土大部分分布在平原地区，土层深厚，地形平坦，地下水资源丰富，具备不少发展农林业生产的有利条件，也是中国重要的后备土壤资源。所以对盐碱土进行有效的综合改良，对中国农业生产具有重要意义。改良盐碱土的措施有以下4个方面。

1. 水利工程措施

水利工程措施是改良盐碱土的根本措施。在影响土壤水盐运行的诸多因素中，气候、地形和土质是不可变因素。在盐渍土地区对土壤水盐运动的调控，就是使土壤与地下水的盐分状况下行大于上行，排出大于积累。首先要采取合理的灌排措施，调控地下水位，控制适宜的潜水埋深。主要包括排水、灌溉洗盐、引洪放淤等。

2. 农业改良措施

（1）种植水稻。在水稻整个生长期间，田内经常保持水层，以水压盐，将土壤中可溶性盐分洗出，使土壤脱盐。但千万不要抬高邻地的潜水位，而产生更大面积的次生盐渍化。

（2）耕作改良与增施有机肥。合理耕作和增施有机肥料，可以改善土壤结构，提高土壤肥力，巩固土壤改良效果。耕作改良主要包括平整土地，深耕深翻，适时耕耙等成功经验。秸秆覆盖也是一种良好的改良盐碱地的农业技术措施。

3. 生物措施

主要包括植树造林和种植绿肥牧草等。植树造林，建立护田林网，既可以改善农田小气候，减少田面蒸发，又能以强大的根系吸收水分，使地下水位降低。种植绿肥牧草，可以改土培肥，减少蒸发，抑制土壤返盐，同时还能为发展畜牧业增加饲料。在较重的盐碱地上，可选择耐盐碱较强的田菁、紫穗槐等；轻度至中度盐碱地可以种植草木樨、紫花苜蓿、苕子、黑麦草等；盐碱威胁不大的地，则可种植豌豆、蚕豆、紫云英等。

4. 化学改良措施

碱土与重碱化土壤，由于交换性 Na^+ 含量高，pH值在9以上，一般的水利与生物改良措施均难以达到土壤改良的目的。因此，在改良中往往要配施一些化学物质：一是要改变土壤胶体吸附阳离子的组成，减低ESP，改良物理性状；二是要形成一定的酸性物质来中和土壤的碱性，这些化学物质称之为化学改良剂。常用的化学改良剂有石膏、磷石膏、亚硫酸钙、硫酸亚铁、酸性风化煤等。另还有施用一些长碳链的有机化合物，如沥青、重油、动物油残渣等物质的加工乳剂，用水稀释后喷于地面，可形成一层连续性的薄膜，具有抑制蒸发返盐，提高地温的作用。

盐碱土的形成是多种因素综合作用的结果，盐碱土的改良必须是水利、农业、生物、化学等多种措施相结合，进行综合治理，方可达到土壤改良之目的。

第4章　作物需水量和灌溉用水量

4.1　作物需水量

4.1.1　概述

1. 农田水分消耗的途径

农田水分消耗的途径见图4-1。

(1) 植株蒸腾：作物根系从土壤中吸入体内的水分，通过叶片的气孔，扩散到大气中的现象。试验表明：作物根系吸收的水分有99%以上用于蒸腾，仅有不到1%的水分成为植物体的组成部分。

(2) 株间蒸发：植株间土壤或田面的水分蒸发，见图4-2。

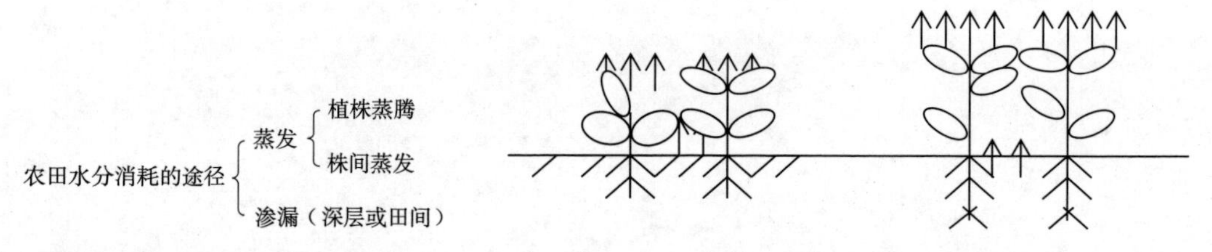

图4-1　农田水分消耗的途径　　　　图4-2　株间蒸发示意图

植株蒸腾和株间蒸发的关系：植株蒸腾和株间蒸发都受气象因素的影响，二者互为消长，植株蒸腾因植株繁茂而增加，株间蒸发因植株造成的地面覆盖率加大而减小。作物生育初期以株间蒸发为主，生育中期植株蒸腾为主，生育后期以株间蒸发为主。

(3) 深层渗漏：旱田由于降雨量和灌水量过多，使土壤水分超过了田间持水量，向根系活动层以下的土层产生渗漏的现象。

一般情况下，深层渗漏是无益的，且会造成水分和养分的流失，所以旱田灌溉一般不允许产生渗漏。

(4) 田间渗漏：指水稻田的渗漏。由于水田田面经常保持一定的水层，所以水田产生的渗漏量很大。对于水田来说，应该有一定的渗漏量，促进土壤通气，消除有毒物质，但不能过大，要节水灌溉。

2. 作物需水量和田间耗水量

(1) 作物需水量：植株蒸腾和株间蒸发之和称为作物需水量，也称腾发量。

(2) 田间耗水量：对于水稻田来说，作物需水量和田间渗漏量之和。

(3) 影响因素。影响作物需水量的因素：①气象条件；②土壤含水状况；③作物种类；④生长发育阶段；⑤农业技术措施；⑥灌排措施。

影响渗漏量的因素：①土壤性质；②水文地质条件。

作物需水量是农业用水的主要部分，是水资源开发利用的必需资料，是灌排工程规划、设计、管理的基本依据。对作物需水量和需水规律的研究，一直是水利专业（硕士、博士研究生）重要的研究课题。

目前一般是通过田间试验测定作物需水量，还可以采用某些经验公式确定。

4.1.2 直接计算作物需水量的方法

1. 以水面蒸发为参数的需水系数法（α 值法）

大量的试验资料表明，各种气象因素与水面蒸发量有关，而水面蒸发量又与作物需水量相关。因此，可以用水面蒸发量来衡量作物需水量的大小。

（1）计算公式：

$$ET=\alpha E_0 \tag{4-1}$$

$$ET=\alpha E_0+b \tag{4-2}$$

式中 ET——某时段的作物需水量，mm；

E_0——与 ET 同时段的水面蒸发量，一般采用 80cm 口径蒸发皿的蒸发值，mm；

b——经验常数，通过试验分析得到；

α——需水系数，为需水量和水面蒸发量比值，试验分析得到。

（2）适用条件：

1）蒸发皿的规格为 80cm 口径，否则要乘以小于 1 的换算系数。

2）可计算各阶段的作物需水量，也可计算全生育期的作物需水量，一般情况下计算各时段需水量。

3）一般适用于受气象因素影响较大的水稻区，误差小于 20%，可采用。

2. 以产量为参数的需水系数法（K 值法）

作物产量是太阳能的累积和水、土、肥、热、气诸因素协调及农业措施综合结果。因此，在一定气象条件和一定范围内，作物田间需水量随作物产量提高而增加，但并不是成直线比例，见图 4-3。

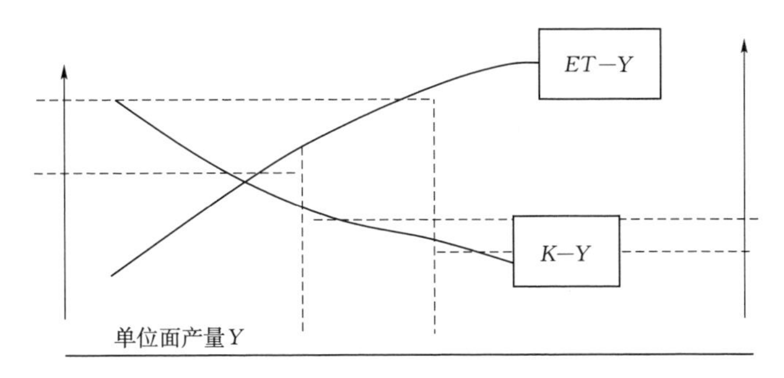

图 4-3 作物田间需水量与作物产量变化曲线

单位产量的需水量随产量增加而减小，说明当产量达到一定水平后，要进一步提高产量不能仅靠增加水量，而必须改善其他条件。

单位面积需水量：　　600m^3/亩　　610m^3/亩

单位产量：　　600kg/亩　　650kg/亩

单位产量需水量：　　1m^3/kg　　0.94 m^3/kg

（1）计算公式：

$$E(ET)=KY \tag{4-3}$$

$$E(ET)=KY^n+C \tag{4-4}$$

式中　$E(ET)$——作物全生育期的总需水量，m^3/亩；

Y——作物单位面积的产量，kg/亩；

K——以产量为指标的需水系数，对于 $E=KY$ 公式，K 表示单位产量的需水量，m^3/kg；

n、C——经验指数常数，试验成果分析得到。

（2）适用条件：

1）旱田水分不足的地区（误差在 30%以下）。

2）用该公式仅能计算全生育期的作物需水量，计算各阶段需水量要乘以模数，$ET_i=K_iET100\%$。

3）有助于进行灌溉经济分析，实用价值大。

3. 以多种因素为参数的需水系数法

以多种因素为参数的需水系数法。

4.1.3　通过潜在腾发量计算作物需水量的方法

1. 潜在腾发量

土壤水分充足，能完全满足作物蒸发耗水条件下的需水量。也叫参照需水量，参照作物的具体生长条件：

①土壤水分充足；②地面完全覆盖；③生长正常；④高矮整齐开阔（>200m×200m，高 8～15cm）。

影响因素：气象因素影响较大。

2. 参照作物需水量的计算

计算参照作物需水量的研究很多，以水面蒸发量推算和以气温昼长时间推算是比较简单的方法，但误差大。目前，灌溉排水渠系设计规范中推荐两种方法：①用气温推算；②能量平衡法。

（1）用气温推算。

1）计算公式：

主要为布莱尼-克雷多公式

$$E_P=C[P(0.46t+8)] \tag{4-5}$$

式中　E_P——月平均潜在需水量，mm/d；

t——月平均气温，℃；

P——月内日平均昼长小时占全年昼长小时的百分比，可根据纬度月份查表确定；

C——根据最低相对湿度、日照小时数、白天风速确定的修正系数，有表可查出。

2）适用条件：①干旱、半干旱地区；②误差25%。

（2）能量平衡法。此法是能量平衡与水汽扩散的综合方法，根据农田能量平衡原理，水汽扩散原理以及空气的导热定律，可列出半经验公式（改进后的彭曼公式）。

1）计算公式：

$$ET_0=\frac{\frac{p_0}{p}\frac{\Delta}{\gamma}R_n+E_a}{\frac{p_0}{p}\frac{\Delta}{\gamma}+1} \tag{4-6}$$

其中
$$E_a=0.26(1+0.54u)(e_a-e_d)$$

式中 ET_0——参照作物需水量，mm/d；

$\frac{\Delta}{\gamma}$——标准大气压下的温度函数，不同温度可查表得到；

$\frac{p_0}{p}$——海拔影响温度函数的改正系数，不同海拔可查表得到；

R_n——太阳净辐射，mm/d，可查表，可计算；

E_a——干燥力，mm/d；

c_a——饱和水汽压，可根据气温查表得到；

e_d——实际水汽压，根据 e_d 查表得相对湿度；

u——离地面2m高的风速，m/s。

2）适用条件：比较广泛、误差较小。

3. 实际需水量的计算

已知参照作物需水量后，则采用"作物系数"k_c 对 ET_0 修正。

$$ET=k_cET_0 \tag{4-7}$$

k_c 值随作物种类、生育阶段、地区等不同。

通过潜在腾发量计算作物需水量的方法有理论依据，较前者的经验公式精确。

例题：求水稻各生育期田间耗水量和耗水强度（α 值法）。

已知：（1）80cm口径蒸发皿蒸发量如表4-1所示。

表4-1　　80cm口径蒸发皿蒸发量

月份	4	5	6	7	8
E_{80}/cm	192.2	154.5	189.5	175.0	219.0

（2）水稻生育期，渗漏量根据试验见表4-2。

表4-2　　水稻各生育期渗漏量实验结果

生育期	返青	分蘖	孕穗	抽开	熟	黄熟	全期
起止日期（月-日）	04-25—05-04	05-08—06-01	06-02—06-16	06-17—06-26	06-27—07-06	07-07—07-14	04-25—07-14
天数/d	10	28	15	10	10	8	81
渗漏	1.8	1.5	1.3	1.3	1.1	1.4	
K	7	24	24	22	14	9	100

(3) 全生育期 $\alpha=0.97$。

解： 1. 求全生育期作物需水量。

①4—8 月每天水面蒸发强度见表 4-3。

表 4-3　　4—8 月水面蒸发强度表

月份	4	5	6	7	8
E_{80mm}/cm	192.2	154.5	189.5	175.0	219.0
每天 E_{80}/cm	6.407	4.984	6.317	5.645	7.065

②全生育期水面蒸发量 E_0。

$$E_0=6.407\times6+4.984\times31+6.317\times30+5.645\times14$$
$$=38.442+154.504+189.51+79.03=461.486\ (\text{mm})$$

③全生育期作物需水量。

$$E=\alpha E_0=0.97\times461.468=447.64\ (\text{mm}) \tag{4-8}$$

2. 求各生育阶段作物需水量，耗水强度列表 4-4 计算。

表 4-4　　各生育阶段作物需水量、耗水强度计算表

生育期	返青	分蘖	孕穗	抽开	熟	黄熟	全期
K	7	24	24	22	14	9	100
E_i/cm	31.335	107.434	107.43	98.48	62.67	40.287	
e_i	3.1	3.8	7.2	9.8	6.3	5.0	
h_i	1.8	1.5	1.3	1.3	1.1	1.4	
$E_{耗}$	4.9	5.3	8.5	11.1	7.4	6.4	

说明：有时不直接计算全生育期的作物需水量，而是根据各生育期需水系数 a_i，计算各阶段需水量，a_i 可查水文图集。

注：湖北省有许多灌溉实验站，求出经验公式中的不同参数，并把每种作物月、旬需水量都计算出来了，在实际工作中，可以采用附近地区实验站的成果直接利用，但要与本地情况对比分析，减小误差。

例如：湖北省某试验站大豆作物需水量见表 4-5。

表 4-5　　某试验站大豆作物需水量表

生育期	播种苗期	开花	结夹	谷粒成熟	合计
日期（月-日）	05-01—06-10	06-11—07-31	08-01—08-20	08-21—09-20	
天数/d	41	51	20	31	143
模系数	15	45	25	15	100
需水量	56.1	167.9	93.5	56.5	374
日需水量	1.3	3.30	4.70	1.8	

小麦、水稻等也有，不一一列举。当下一节讲到灌溉制度时，需要作物需水量这个参数，收集资料应特别注意适用条件。

4.2 作物灌溉制度

（1）灌溉制度：农作物的灌溉制度是指作物播种前（或水稻插秧前）及全生育期内的灌水次数，每次灌水时间，灌水定额及总灌溉定额。

（2）设计灌溉制度：根据设计典型年的气象资料计算出来的灌溉制度称为“设计典型年灌溉制度”，简称为“设计灌溉制度”。

（3）灌水定额和灌溉定额：一次灌水单位面积上的灌水量称为灌水定额，单位为mm；各次灌水定额之和称为灌溉定额，单位为m^3/亩。

与灌溉制度有关的因素：①气象条件；②作物品种；③农技措施。

可以说，灌溉制度是规划、设计、管理灌区的基本资料和技术措施。

在灌区设计时，以设计灌溉制度为依据，在灌区管理时，以当年的或已有长系列实际灌溉制度为依据。

1. 灌溉制度确定方法

（1）总结群众丰产灌水经验。

（2）根据灌溉试验资料确定灌溉制度。我国建了许多试验站，一般大型灌区都有试验站，比如哈尔滨新仁灌溉试验站，有当地的试验资料。选用时，依照地区相似，灌水技术相近的土壤，相近原则采取。

（3）按水量平衡原理分析，制定作物灌溉制度。这是本节所讲的重点内容。包括水田和旱田两种灌溉制度。

2. 水田灌溉制度

在灌溉排水设计规范中，水稻的灌溉制度包括秧田和本田（包括泡田、生育期）。由于秧田的需水量较小，特别是近年来的旱育技术，一般秧田期灌溉制度可忽略不计。

（1）泡田期灌溉水量（泡田定额）。

$$M_1=0.667(s_1+e_1t_1-P_1)+6.67h_0 \tag{4-9}$$

或

$$M_1=0.667(h_1+s_1+e_1t_1-P_1) \tag{4-10}$$

式中 M_1——泡田期的灌溉用水量，m^3/亩；

h_0——插秧时田面所需的水层深度，式（4-11）中为cm，式（4-12）中为mm；

s_1——泡田期的渗漏量，即开始泡田到插秧的总渗漏量，mm；

t_1——泡田期的日数，d；

e_1——t_1 时期水田田面平均蒸发强度，可用水面蒸发强度代替，采用蒸发皿的数值时应乘以折减系数，mm；

P_1——t_1 时期的降雨量，mm。

GB 50288—2018《灌溉与排水工程设计标准》中的公式：

$$M_{泡}=M_{饱}+\alpha+0.667kt_{泡}+M_{蒸}-P_{泡} \tag{4-11}$$

$$M_{饱}=0.667H\frac{r_{土}}{r_{水}}(\theta_{饱}-\theta_0) \tag{4-12}$$

式中　$M_{泡}$——泡田定额，m^3/亩；

$M_{饱}$——使一定土层达到饱和时所需水量；

H——饱和土层深，mm；

$r_{土}$——土壤干容重，t/m^3；

$\theta_{饱}$、θ_0——饱和含水率和泡田初期含水率，均以干土重百分数计，%；

k——土壤渗漏强度，m/d；

$t_{泡}$——泡田历时，d；

α——插秧时建立的田面水层深所需水量，m^3/亩；

$M_{蒸}$——泡田期田面蒸发量，m^3/亩；

$P_{泡}$——泡田期降雨量，m^3/亩。

式（4-9）和式（4-11）两个公式的区别在于，国家标准中的公式多了一项$M_{饱}$，一般情况下，采用国家标准上的公式，结果偏大一些。

例题：求水田泡田定额。

已知：某灌区种植水稻，插秧时所需田面水层，深度为3cm，该土质为黏壤土，平均渗漏强度区1.5mm/d，泡田日期为15d，该时段水面蒸发强度为3.21mm/d，时段降雨量为0mm，求泡田定额。

解：按泡田定额计算公式，有

$$M_1=6.67\text{h}_0+0.667(s_1+e_1t_1-P_1)$$

$$=6.67\times3+0.667\times(1.5\times15+3.21\times15-0)=67.13\ (m^3/亩)$$

答：泡田定额为67m^3/亩。

（2）洗盐定额。对于盐渍化地区种植水稻，一般在泡田初洗盐，如黑龙江省西部嫩江、齐齐哈尔地区有部分盐碱地，洗盐定额为100～200m^3/亩，分3次冲洗效果好。

具体方法是：在水稻泡田初期，用水冲洗土壤正常生长发育。黑龙江省水科所把盐碱土种水稻的灌溉技术列为课题进行研究，克山等市县经验为：泡田水量150～200m^3/亩，分3～4次，5月中旬开始，脱盐效果好。

（3）水稻生育期灌溉用水量。在水稻生育期任何一段时间内，农田水分的变化，决定于该时段内的来水，耗水之间的消长，它们之间的关系，可用水量平衡方程来表示：

$$h_1+p+m-E-C=h_2\ 或\ h_1+p+m-WC-d=h_2 \tag{4-13}$$

式中　h_1——时段初田面水层深度，mm；

h_2——时段末田面水层深度，mm；

p——时段内降雨量，mm；

C、d——时段内降雨量，mm；

E、WC——时段内田间耗水量，mm；

m——时段内灌水量，mm。

计算方法有两种，一种为图解法，另一种为列表法。

1）图解法步骤。

a. 确定各生育期适宜水层深度。

h_{min}——适宜水层下限；

h_{max}——适宜水层上限；

H_p——最大蓄水深度。

h_{min}—h_{max}—h_p 浅灌深蓄要求的水层深度。一般情况下，由试验资料得出，与气候、地理、作物品种等有关。

b. 计算各阶段耗水强度 E_i（mm/日）。也就是前面介绍的方法。无资料的灌区可采用附近试验站的经验数据。

c. 绘图。以时间为横坐标，以田面水层深为纵坐标，分别绘出 h_{min}、h_{max}、h_p 过程线（图 4-4）。

d. 确定灌水定额和灌水日期。

灌水定额以 $m=h_{max}-h_{min}$ 计，灌水时间：在时段初 A 点，水田以耗水强度 E_1 按 1 线耗水，至 B 点降至 h_{min}，则 $t_1=m/E_1$，如果时段内有降雨，则雨后田面水层深为回升 P，并按 2 线耗水 C，$t_1^1=m/E_1+(P^1-C)/E_1$

e. 同理，确定各生育期的灌水定额，灌水时间。

f. 汇总，灌水定额，灌水时间内及生育期灌溉定额。

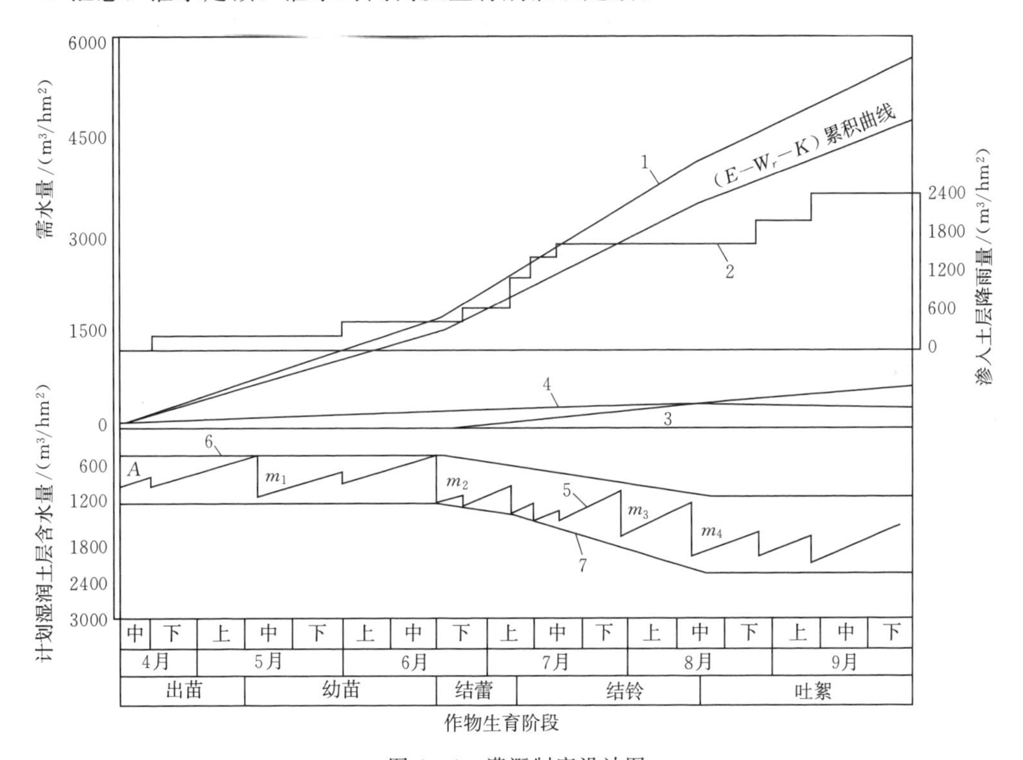

图 4-4 灌溉制度设计图

2）列表法步骤。

a. 确定适宜淹灌水层深度。

b. 计算各阶段耗水量和日耗水强度。

c. 列表计算各生育期灌水定额和灌水时间。

d. 汇总，生育期灌溉定额。

说明：

a）在插秧后3～5d内，可允许田面水层降到h_{min}以下，避免过早灌水引起漂秧。

b）灌水量一般为$m=h_{max}-h_{min}$，但当计划湿润层变化时，也可按h_{max}控制灌水量。

c）用表格的方式列出生育期灌溉制度，包括灌水次数，灌水时间，灌水定额。

d）计算出总灌溉定$M=M_1+M_2$。

3. 旱作物灌溉制度

旱作物在北方如黑龙江省有小麦、大豆、玉米等，该省西部地区一般灌溉的作物为小麦，其他作物灌溉措施较少。但南方由于地少人多，旱作物也采用了灌溉工程灌溉的措施。

一般旱作物的灌溉制度也是采用水量平衡分析法，通常以作物主要根系吸水层作为灌水时的土壤计划湿润层，并要求该土层内的储水量能保持在作物所要求的范围内即，$\theta_{田}\sim\theta_{min}$。

（1）水量平衡方程。

$$W_t-W_0=W_r+P_0+K+M-ET \tag{4-14}$$

式中　W_0、W_t——时段初和任一时段t时的土壤计划湿润层内的储水量；

W_r——由于计划湿润层增加而增加的水量；

P_0——保存在土壤计划湿润层内的有效雨量；

K——时段t内地下水补给量，$K=kt$；

M——时段t内的灌溉水量；

E——时段t内作物田间需水量，$E=et$。

为了保证农作物正常需要，W_t应在$W_{max}\sim W_{min}$，在某一生育阶段土壤计划湿润层内蓄水量的变化及灌水定额。

$$M=W_{max}-W_{min}=667nh(\theta_{max}-\theta_{min})=667rh(\theta'_{max}-\theta'_{min}) \tag{4-15}$$

式中　M——灌水定额，m^3/亩；

h——土壤计划湿润层土壤孔隙度；

n——计划湿润层内土壤孔隙率占体积的百分比，%；

θ_{max}、θ_{min}——该土层内该时段允许最大、最小含水率，以占孔隙体积的百分比，%；

r——计划湿润层内土壤干容重；

θ'_{max}、θ'_{min}——含水率占干土重的百分比，%。

灌水间距为（无降雨时）

$$t=\frac{W_0-W_{min}}{e-k} \tag{4-16}$$

式中　W_0、W_{min}——时段初及最小土壤储水量；

e——需水强度，m^3/d；

k——补水强度，m^3/d；

t——灌水间距，d。

同理，逐项进行下去，来求出有降雨条件下的灌水时间，从而求出全生育期的灌溉制度。

(2) 基本资料的收集。

1) 土壤计划湿润层深度 (H)。

计划湿润层：指旱田进行灌溉时，计划调节土壤水分状况的土层深度，它与作物根系活动层深度，土壤性质，地下水埋深有关。

a. 根系活动层越大 H 越大。0.3～1.0m。

b. 土壤越黏重 H 越小。

c. 地下水位较高的盐碱化地区 $H \leqslant 0.6$m。

H 值一般根据试验来确定，如黑龙江省某试验站资料，三江平原小麦计划湿润层深度如表 4-6 所示。

表 4-6　三江平原小麦计划湿润层深度表　单位：mm

月份	4	5	6	7	8
上	100 播种	400 分蘖	600 孕穗	600 乳熟	600 乳熟
中	200 苗期	400 分蘖	600 孕穗	600 乳黄	600 乳黄
下	300 苗期	500 拔节	600 开花	600 黄熟	600 黄

大豆、玉米也有相应的计划湿润层深度，资料可到灌溉试验站收集。

2) 土壤最适宜含水率和允许最大、最小含水率。

土壤最适宜含水率：最适宜作物生长的土壤含水率叫土壤最适宜含水率，它是一个变量，与作物种类、生育阶段、施肥情况、土壤性质等因素有关，一般采用试验站成果或调查数据。

允许最大含水率：以不造成深层渗漏为原则 $\theta_{max} = \theta_{田}$。

允许最小含水率：应大于凋萎系数，可由试验资料和参照有关书籍采用。

盐碱化地区还要以土壤溶液浓度为限制条件。

$$\theta_{min} = \frac{s}{c} \times 100\% \tag{4-17}$$

式中　s——土壤溶液含盐量，占干土重的百分比，%；

　　　c——土壤溶液浓度。

3) 降雨入渗量 (P_0)。

降雨入渗量是指降雨量减去径流量，$P_0 = P - P_{地}$，一般指有效降雨量。可用入渗系数来表示。当降雨过多时，有效降雨量$=P_0-$深层渗漏量。

$$P_0 = aP \tag{4-18}$$

式中　a——降雨入渗系数，其值与一次降雨量等条件有关。

$P \leqslant 5$mm 时，$a=0$；

$P = 5 \sim 50$mm 时，$a = 0.8 \sim 1.0$；

$P > 50$mm 时，$a = 0.7 \sim 0.8$。

式中　P——一次降雨量，mm，一般指设计保证率条件下的降雨量。

在求旱作物灌溉制度时，以旬为单位，旬内各次有效降雨之和，为该时段的有效降雨量。

4）地下水补给量。

地下水补给量指地下水借土壤毛细管作用上升至作物根系吸水层而被作物利用的水量，其大小与地下水埋深，土壤性质、作物种类、需水强度、计划湿润层、含水量等有关。

经验数据：$H=1.5\sim2.0$m时，$K=40\sim80\text{m}^3$/亩（内蒙古）

$H=1.0\sim2.0$m时，$K=20\%$需水量（河南）

地下水的补给量是很可观的，但是由于地下水资料比较少，在设计灌溉制度时，K值只能初估或参照地区经验采用。

5）由于计划湿润层增加而增加的水量：

$$W_t=667(H_2-H_1)\theta=667(H_2-H_1)n\theta'\frac{r_{干}}{r_{水}} \tag{4-19}$$

式中　H_2、H_1——时段初末计划湿润层深度，m；

θ——（H_2-H_1）内占土壤孔隙率百分数计的含水率；

n——体积百分数计的孔隙率；

θ'——占干土重的含水率；

$r_{干}$、$r_{水}$——土壤干容重、水容重，t/m³。

（3）旱作物插前灌水定额的确定。目的：保证种子发芽和出苗的必须含水量。

$$M_1=667H(\theta_{max}-\theta_0)n \tag{4-20}$$

$$M_1=667H(\theta'_{max}-\theta_0)\frac{r_{干}}{r_{水}} \tag{4-21}$$

符号意义同前。有的地区可不进行播前灌溉，而仅进行生育期灌溉。

（4）旱作物灌溉制度列表法，见表4-7。

列表法步骤：

①（1）、（2）、（3）、（4）栏通过收集资料确定。

②（5）栏作物需水量包括腾发量，无渗漏，试验资料采用对应值。

③有效降雨（6）栏，根据设计典型年生育期降雨量并乘α得。

④设计土壤含水量θ_{max}、$\theta_{宜}$、θ_{min}调查而得，$\theta_{max}=\theta_{田}$。

⑤（10）、（11）、（12）三栏根据（7）、（8）、（9）栏，且（10）栏为该地区田间持水量，试验数据。

⑥（13）栏初始有效水分$+\theta_{凋萎}=15+8.64=23.64$，15为$P=80\%$情况下有效水分，8.64有试验依据。（13）$=W_0+P+K-E+W_T>W_{min}$，否则灌水。

⑦（14）栏$W_T=667$（H_2-H_1）$n\theta=667$（H_2-H_1）$\theta'\frac{r_{干}}{r_{水}}$，由于没有实测资料，可取$\theta$为$\theta_{田}$的70%。

⑧$W_2=W_1+W_T+K-E+P+M$。

注：需要指出的是，由于天然降雨不同，各年灌溉制度也不同，设计灌区按设计降雨量计算灌溉制度，管理灌区，应根据水文预报，求出当年的降雨和相应灌溉制度。

表 4-7　旱作物灌溉制度计算表

日期		计划湿润层深度/mm	作物生育阶段	设计需水量/mm	有效降雨/mm	设计土壤含水率占 θ_{max} 百分比/%			设计土壤含水率占土体积百分比/%			旬末土壤储水量/mm	计划层增加而增加的水量/mm	灌水量/mm
月	旬													
(1)	(2)	(3)	(4)	(5)	(6)	(7)	(8)	(9)	(10)	(11)	(12)	(13)	(14)	(15)
4	上	100	播种	10.20	7.52	100	70	45	46.33	32.43	20.85	20.96		
	中	200	播种-出苗	10.20	0	100	70	45	92.66	64.86	41.70	48.19	37.43	
	下	300	出苗	10.20	0	100	70	55	127.42	89.19	70.08	92.32	24.33	
5	上	400	分蘖	24.28	0	100	70	55	162.18	113.53	89.20	92.17	24.33	30
	中	500	分蘖-拔节	24.48	21.98	100	70	55	162.18	113.53	89.20	89.67		
	下	500	拔节	42.84	30.49	100	75	65	196.94	147.71	128.01	130.65	24.33	
6	上	600	孕穗	42.84	21.88	100	75	65	238.04	178.53	154.73	168.46	28.77	30
	中	600	孕穗-开花	32.64	5.71	100	75	65	238.04	178.53	154.73	171.53		30
	下	600	开花	22.44	39.14	100	75	65	238.04	178.53	154.73	188.23		30

4.3　灌 溉 用 水 量

灌溉用水量：指灌溉土地从水源取用的水量。

影响灌溉用水量大小的因素：①种植面积；②作物品种；③土壤；④水文地质；⑤气象条件。

灌溉用水量的大小影响灌区工程的规模（除灌溉制度外，还与渠系损失有关）。

4.3.1　设计典型年的选择

前面已经介绍过，作物需水量包括植株蒸腾、株间蒸发。这部分水量来源于地下水补给、降水和灌溉：①地下水补给，灌区一定时，补给稳定；②降水，年际变化很大，年内变化也很大；③灌溉，与降雨成反比。

因此必须设定一个年份，这个年份的降雨量代表一定的枯水频率，它是灌区灌溉设计标准情况下的降雨量。

（1）设计典型年：作为规划灌区的一个特定的水文年份。根据该年份的气象资料推求作物灌溉制度。

（2）设计灌溉用水量：相应于设计灌溉制度情况下的用水量。

（3）如何推求设计典型年：用频率方法统计分析，把各年作物生育期的降雨量从大到小排列，用经验频率公式计算频率、均值、C_v、C_s，并通过理论配线（皮尔逊Ⅲ型曲线），求出设计生育期降雨量，并按实际典型年分配比例分到各日（水田）各旬（旱田）。

一般灌区中等干旱年 $P=75\%$，干旱年 $P=85\%\sim90\%$。

当灌区既有水田，又有旱田，且保证率不一致时，应该求出不同频率的设计降雨量。

例题：已知某灌区附近气象站 4—8 月降雨资料共 31 年（1961—1991 年）。每日降雨量值如表所示（略），灌区拟种植小麦和大豆，设计保证率 $P=85\%$，求设计旬降雨量。

计算步骤：

1）选实际典型年生育期降雨量。

把 31 年生育期降雨量由大到小排列，列序号 $m=1, 2, 3, \cdots, 31$，分别算出各年频率。

$$P=\frac{m}{n+1}\times100\% \tag{4-22}$$

2）求均值、变差系数、偏差系数。

3）配皮尔逊Ⅲ型曲线。

$$\overline{X}=\sum X_i/n \tag{4-23}$$

$$C_v=\sqrt{\frac{\sum_1^n (K_i-1)^2}{n-1}} \tag{4-24}$$

$$C_s=2C_v \tag{4-25}$$

利用皮尔逊Ⅲ型曲线表格，查得在 X、C_v、C_s 情况下的 K_p 值，比如：$X=452.2$，

$C_v=0.3$，$C_s=0.6$，查得 K_p，并计算 $X_p=K_pX$。可以配出理论曲线，并在枯水年份与实际线配合要好。

4）在理论曲线上查得 $P=85\%$时的 X_p，即为设计年生育期降雨量，$X_p=330$。

5）把 X_p 按实际典型年各旬分配比例分列各旬。

4.3.2 典型年灌溉用水量及用水过程线

对于某个灌区来说，可能有一种作物（水稻），也可能有多种作物（旱田、水田），灌溉用水量对于多种作物来说，用水过程也是一个综合过程，并不代表某一种作物了。一般情况下，可用以下两种方法计算。

1. 直接计算法步骤

（1）列出表格，填写各种作物的灌溉制度（同一频率）。

（2）一种作物，一次灌水到田间的净水量计算 $W_{净}=m_iA$。

（3）一种作物生育期总灌溉净水量计算 $W_{净}=\sum m_iA$。

（4）各种作物某时段灌溉净水量计算该时段内各种作物的$\sum mA$ 之和。

（5）全灌区毛灌溉用水量计算：

$$W_{毛}=\frac{W_{净}}{\eta_{水}} \tag{4-26}$$

式中　$\eta_{水}$——灌溉水利用系数，$\eta_{水}=0.4\sim0.6$（地面），抽水地下水灌区 $\eta_{水}$ 大一些。

2. 间接推算法步骤（综合灌水定额法）

（1）求全灌区的综合灌水定额。

$$m_{综净}=a_1m_1+a_2m_2+\cdots \tag{4-27}$$

式中　a_1、a_2、…——各种作物面积与全灌区面积比值；

m_1、m_2、…——该时段内各种作物灌水定额。

（2）求全灌区某时段净灌溉用水量。

$$W_{净\mathrm{I}}=m_{综净i}A \tag{4-28}$$

（3）求毛灌溉水量（某时段）。

$$W_{毛\mathrm{I}}=\frac{W_{净i}}{\eta_{水}} \tag{4-29}$$

（4）求全灌区全生育期总灌溉用水量。

$$W_{毛}=\sum W_{毛\mathrm{I}} \tag{4-30}$$

3. 综合灌水定额法的优点

（1）综合灌水定额是衡量全灌区用水量合理性的指标，可与类似灌区比较，偏下偏小时，便于修改。

（2）若一个大灌区局部范围的作物比例与全灌区类似，求得局部 $m_{综}$后，可推广到全灌区。

（3）利用 $M_{综}$可推算灌区应发展的面积。

$$A=\frac{W_{净}}{m_{综}}=\frac{W_{毛}\eta_{水}}{M_{综}}=\frac{W_{源}}{m_{综毛}} \tag{4-31}$$

4. 多年灌溉用水量的确定和灌溉用水频率曲线

（1）应用范围：大中型水库利用长系列方法求兴利库容时，用水一栏的用水量就是该时段毛用水量。另外，多年调节水库规划和控制运用计划的编制，也要用到各年各时段的灌溉用水量。

（2）计算方法：逐年求出灌溉制度，并且求出每年的毛灌溉用水量，方法同前。把灌溉用水量系列统计分析，求出典型年灌溉用水量，并可绘出灌溉用水频率曲线。

5. 乡镇供水量

乡镇供水利用的是渠道，供水时应该考虑到渠道的输水能力，在新建灌区设计渠道和建筑物时，必须考虑乡镇供水的问题，加大渠道的供水能力，或者压缩农业用水的比例，增加乡镇供水量。

乡镇供水利用的是当地地下水时，不参与灌区的需水问题。

4.4　灌　水　率

灌水率指灌区单位面积（一般以万亩计）所需灌溉的净流量，单位为 $m^3/(s\cdot万亩)$，是计算渠道引水流量和渠道设计流量的依据。

影响因素：①气象条件；②土壤因素、水文地质；③作物种类、生育期；④农业、水利措施；⑤作物种植比例；⑥灌水延续时间。

4.4.1　灌水率的计算公式

灌水率应根据各种作物每次灌水定额，逐一计算某作物第一次灌水时灌水率为

$$q_{1净}=\frac{\alpha m_1}{8.64T_1} \tag{4-32}$$

式中　α——该作物种植面积与灌区总灌溉面积的百分比，%；

m_1——灌水定额，m^3/亩；

T_1——灌水时间，d。

第二次灌水同理，求出各种作物灌水率。

$$q_{2净}=\frac{\alpha m_2}{8.64T_2} \tag{4-33}$$

4.4.2　灌水时间的确定

灌水延续时间直接影响着灌水率的大小，在设计渠道时，也影响着渠道的设计流量以及渠道和渠系建筑物的造价，灌水时间越短，作物对水分的要求越容易得到满足，但却加大渠道负担，灌水时间不宜过长，过长不能满足作物用水需求，尤其是主要作物的关键期的灌水，因此需要慎重选定。

（1）水稻：泡田期，7～15d；生育期，3～5d。

（2）小麦：播前，10～20d；拔节，10～15d。

（3）玉米：拔节抽穗，10～15d；开花，8～13d。

4.4.3 列表计算灌水率

一般情况下，水稻灌溉制度计划灌水的天数为起始日，而旱田旬灌水定额以中间日控制。

4.4.4 灌水率图的绘制和修正

把灌水率绘在方格纸上，修正灌水率图的原则如下：

（1）以不影响作物需水量要求为原则；

（2）尽量不改变主要作物关键期用水时间，移动时以向前移为主，不超过3d。

（3）灌水率图均匀，连续。$q_{min}/q_{max}>40\%$连续间断时，天数要超过3d。设计灌水率一般取20d以上的最大灌水率值。

第5章 灌 水 方 法

5.1 灌水方法的评价标准、分类及适用条件

5.1.1 评价指标

1. 灌水方法的定义

灌溉水进入田间并湿润根区土壤的方式与方法，目的是将集中的灌溉水流转化为分散的土壤水分，满足作物对水、气、肥的需要。

2. 先进的灌水方法应满足的条件

(1) 灌水均匀。保证按灌水定额灌到田间，使得每颗作物得到的水量相同。

(2) 灌溉水的利用率高。减少蒸发和渗漏损失。

(3) 少破坏或不破坏土壤的团粒结构。表土层不形成结壳。

(4) 便于和其他农业措施相结合。如施肥、施药、耕作。

(5) 应有较高的劳动生产率。便于机械化和自动化。

(6) 对地形的适应性强。

(7) 基本建设投资和管理费用低。

(8) 田间占地少。

5.1.2 分类和适用条件

1. 分类

按是否全面湿润整个农田、输送到田间的方式、湿润土壤的方式见图5-1。

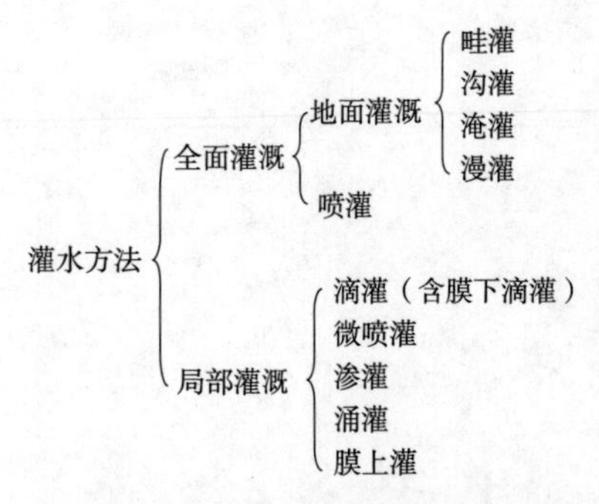

图5-1 灌水方法的分类

(1) 全面灌溉：灌溉时湿润整个农田根系活动层内的土壤。

(2) 局部灌溉：只湿润作物根区周围的土壤，远离作物根部的行间和棵间土壤仍保持干燥。

(3) 地面灌溉：水从地表进入田间借重力和毛管力的作用湿润土壤。

(4) 畦灌：用田埂将灌溉土地分隔成一系列小畦，灌水时，将水引入畦田后，在畦田上形成很薄的水层，沿畦长方向流动，在流动过程中主要借重力作用逐渐湿润土壤。

(5) 沟灌：在作物行间开挖灌水沟，水从输水沟进入灌水沟后，在流动过程中主要借毛细管作用湿润土壤。

(6) 淹灌：又称格田灌溉。用田埂将灌溉土地划分成许多格田，灌水时，使格田内保持一定深度的水层，借重力作用湿润土壤，主要适用于水稻。

(7) 漫灌：在田间不作任何畦埂，灌水时任其在地面漫流，借重力渗入土壤。是一种比较粗放的灌水方法。

(8) 喷灌：利用专门设备将有压水送到灌溉地段，并喷射到空中形成细小雨滴，像天然降雨一样灌溉。

(9) 滴灌：利用一套塑料管道系统，将水直接输送到每棵作物根部，水由每个滴头直接滴在根部上的地表，然后渗入土壤并浸润作物根系最发达的区域。

(10) 微喷灌：用很小的喷头将水喷洒在土壤表面。

(11) 渗灌：利用修筑在地下的专门设施，将灌溉水引入田间耕作层，借毛细管作用自下而上湿润土壤。

(12) 涌灌：通过置于作物根部附近的开口的小管向上涌出的小水流或小涌泉将水灌到土壤表面。

(13) 膜上灌：让灌溉水在地膜表面的凹形沟内借助重力流动，并从膜上的出苗孔流入土壤进行灌溉。

2. 适用条件

各种灌溉方法适用条件见表 5-1。

表 5-1　　各种灌溉方法适用条件表

灌水方法		作　　物	地形	水源	土壤
地面灌溉	畦灌	密植作物（小麦、谷子）牧草、某些蔬菜	坡度 0.2%	充足	中透
	沟灌	宽行作物（棉花、玉米）某些蔬菜	2%～5%	充足	中透
	淹灌	水稻	平坦	充足	透小
	漫灌	牧草	较平坦	充足	中透
喷灌		经济作物、蔬菜、果树、某些大田	各种坡度	较少	各种
局部灌溉	滴灌	果树、瓜类、宽行作物	较平坦	极缺	各种
	微喷灌	果树、花卉、蔬菜	较平坦	缺乏	各种
	渗灌	根系较深的作物	平坦	缺乏	较小

5.2 地 面 灌 溉

5.2.1 畦灌

1. 畦田布置及规格

(1) 布置。

1) 田面坡度为 0.001～0.003，地形较缓时，沿坡向布置，地形较陡时，田面与等高线平行或斜交。

2）畦田也可双向灌水。

（2）规格。

1）畦田长30～100m，坡度大、黏土，田长；坡度小、砂土，田短。

2）宽2～4m，且为农机具的整数倍。

3）埂高0.2～0.25m，底宽0.3～0.4m。

2. 灌水技术

畦田的灌水时间、单宽流量计算如下：

1）灌水时间：

$$m=H_t=\frac{K_1}{1-\alpha}t^{1-\alpha}=K_0t^{1-\alpha} \tag{5-1}$$

式中　m——灌水定额，m；

H_t——灌水时间内渗入土壤的水深，m；

K_1——在第一个单位时间末的土壤渗吸速度，m/h；

K_0——在第一个单位时间内土壤平均入渗速度，m/h，黏土 $K_0 \leqslant 0.05$，砂土 $K_0 \geqslant 0.15$，壤土 $K_0=0.05 \sim 0.15$；

t——灌水时间，h；

α——指数，砂土小，黏土大，$\alpha=0.3\sim0.8$，一般 $\alpha=0.5$。

$$t=\left(\frac{m}{K_0}\right)^{\frac{1}{1-\alpha}} \tag{5-2}$$

2）单宽流量：

$$q=\frac{ml}{3.6t} \tag{5-3}$$

式中　q——畦首入畦单宽流量；

l——畦长；

m——灌水定额；

t——畦口供水时间，可认为与入渗时间相等。

3. 计算实例

某灌区小麦拔节期需要灌溉，已确定本次灌水定额为60mm水深，采用畦灌法，畦田规格为 $l=50$m，$b=3$m，经土壤入渗实验实际测定 $K_0=0.1$m/h，且 $\alpha=0.5$。求本次灌水应采用多大的单宽流量？畦首放水时间应为多少？

解： 入渗时间 t 为

$$t=\left(\frac{m}{K_0}\right)^{\frac{1}{1-\alpha}}=\left(\frac{0.06}{0.1}\right)^{\frac{1}{1-0.5}}=0.36(\text{h})$$

畦田不太长，土壤为壤土，可以不考虑畦首滞渗时间，即畦首供水时间也就是入渗时间。

$$q=\text{mL}/3.6\text{t}=0.06\times50/3.6\times0.36=2.3[\text{L}/(\text{s}\cdot\text{m})]$$

4. 节水型畦灌

1）小畦灌水的“三改技术”。

长畦改短畦，宽畦改窄畦，大畦改小畦。

优点：节水，小定额灌水，均匀、防渗漏，减少冲刷等。

2）输水沟管道化。省地、节水。

5.2.2 沟灌

1. 灌水沟布置及规格

（1）布置。

1）坡度：0.005～0.02，当地形比较缓时，沿地面坡向布置；当地面坡度大时，也有横坡沟。

2）封闭沟与非封闭沟：灌水停止时沟内有无余水残留，我国采用非封闭沟。

（2）规格。

1）沟深、底宽：深根作物，$h>0.25\text{m}$，$B>0.3\text{m}$；窄行距，$h<0.25\text{m}$，$B<0.3\text{m}$。

2）灌水沟间距：50～80cm，并且结合作物行距。砂土小黏土大。

3）灌水沟长度：砂土 30～50m，黏土 50～100m。

4）断面结构：梯形或三角形。梯形上口宽 0.6～0.7m，底宽 0.2～0.3m，深 0.2～0.25m。三角形上口宽 0.4～0.5m，深 0.16～0.2m。

2. 灌水技术

沟灌湿润土壤过程与畦灌基本一致，主要技术是控制和掌握灌水沟的长度与输入灌水沟的流量。

（1）沟中水深 h：

$$mal=(b_0h+p_0\overline{K}_tt)l \tag{5-4}$$

$$h=\frac{ma-p_0\overline{K}_tt}{b_0}=\frac{ma-p_0H_t}{b_0} \tag{5-5}$$

式中 h——沟中平均蓄水深度，m；

a——灌水沟间距，m；

l——灌水沟长，m；

m——灌水定额，m；

b_0——平均水面宽，m；

p_0——平均湿周，m；

$\overline{K}_t$——在 t 时间内平均入渗速度，m/h；

H_t——在 t 时间内入渗深度，m。

（2）沟长 l：

$$l=\frac{h_2-h_1}{J} \tag{5-6}$$

式中 h_1——沟首水深，m；

h_2——沟尾水深，m；

J——沟比降。

（3）灌水时间 t。当沟长、流量已知时：

$$t=\frac{mal}{3.6q}(\mathrm{h}) \tag{5-7}$$

式中符号意义同前。

(4) 说明：

1) 在计算灌水率时，旱田灌水天数为10～15d，是针对比较大的灌区而言，对于斗、农渠，控制面积较小，通常采用轮灌方式，所以灌水时间缩短，灌水流量相应加大。

2) 畦灌沟灌计算灌水时间时，往往只需不足1h，所以同时工作的畦田数可以通过农渠的设计流量来推算，也就是说，可以把一个农渠控制的畦田分成许多组，使各组灌水时间之和小于等于农渠灌水时间。

3. 习题

已知长800m，宽201m的农渠条田，可设长50m、宽3m的畦田1072条，如果农渠的工作时间为2.5d，(干、支续灌，斗、农轮灌，干渠灌水时间为10d，斗、农分四组)，如果每天工作时间为24h，每条畦田灌水时间为0.4h，求最少同时工作的畦田数？

解：农渠工作时间为24×2.5=60 (h)，可分组数为　60÷0.4=150 (组)，同时工作的畦田数为1072/150=7～8 (条)。

5.2.3　淹灌

1. 渠道布置

格田内比较平整，一般长边与等高线平行，可单向灌水或双向灌水。

2. 渠道规格

格田，长60～100m，也有更长的；宽20～40m，也有更宽的；田埂高0.3～0.5m，底宽0.3～0.5m。

3. 灌水流量计算

供给一块格田的灌水流量按下式计算：

$$Q=\left(\frac{h}{t_1}+k_1\right)\omega \tag{5-8}$$

式中　Q——供给一块格田的灌水流量，m^3/h；

h——所需建立的水层深度，m；

t_1——建立水层所需的灌水时间，h；

k_1——灌水时土壤的平均入渗速度，m/h；

ω——块格田面积，m^2。

5.3　喷　灌

5.3.1　喷灌的特点

1. 优点

(1) 节约用水。喷灌在世界范围的迅速发展并非仅仅是为了节水，但在水资源严重短缺的我国，喷灌始终是作为一项先进的节水灌溉技术发展的。灌溉水的损失，一是发生在输水过程中，二是发生在灌水过程中。喷灌采用管道输水，并利用喷头直接将水比较均匀地喷洒到作业面上，较地面灌水节约40%。

(2) 增加农作物产量，提高农作物品质。喷灌可以适时适量地满足农作物对水分的要求，不破坏土壤的团粒结构，减少了沟渠和田埂占地，提高耕地利用率7%～15%。可以调节田间小气候，调节昼夜温差。

(3) 节省劳力。喷灌的机械化程度高，大大减轻灌水的劳动强度和提高作业效率，免去年年修筑田埂和田间沟渠的重复劳动。

(4) 适应性强。作物、土壤、地形适应性强。

2. 缺点

(1) 喷洒作业受风的影响。风力大于3级时一般不适于喷洒作业。

(2) 设备投资高。我国固定管道式喷灌系统900～1200元/亩，半固定管道式喷灌系统300～450元/亩，卷盘式喷灌机300元/亩，大型机组约400元/亩。另外，喷灌设备质量不高，管理不善，系统提前报废，投入得不到相应回报。

(3) 耗能。喷灌比地面灌溉多消耗能量，他需要把水加压到一定程度才能喷洒，这个问题也促进了喷灌向低压化方向发展，目前，低压喷头已经在大型机组和卷盘式喷灌机上得到广泛的应用。

5.3.2 喷灌系统的组成与分类

喷灌系统是由水源取水，并输送、分配到田间进行喷洒灌溉的水利工程设施。

1. 组成

管道式喷灌系统：一般由水源工程、首部装置、输配水管道系统、喷头组成。

机组式喷灌系统：一般由水泵、动力机、管道、喷头、机架和移动部件、田间工程组成。

2. 分类

喷灌系统的分类见图5-2。

喷灌系统简介：

(1) 定喷式：工作时，在一个固定位置进行喷洒，达到灌水定额后，按预定好的程序移动到另个位置进行喷洒，在灌水周期内完成计划面积。

(2) 行喷式：在喷灌过程中，一边喷洒一边移动，在灌水周期内完成计划面积。

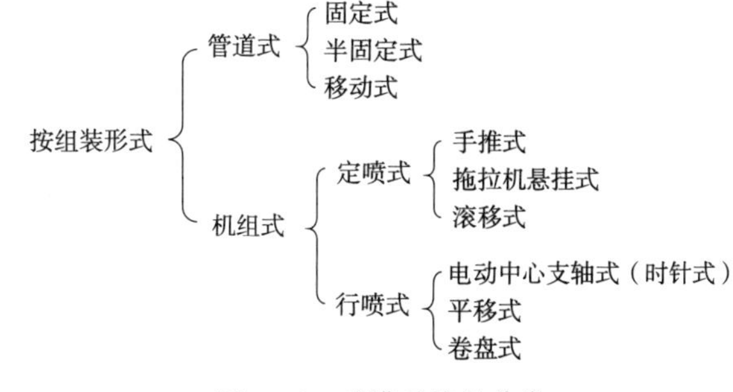

图5-2 喷灌系统的分类

(3) 手推式：水泵和动力机安装在一个特制的机架上，轻型的机架上装有手柄，可以由两人抬着移动。小型以上机组多数被安装在小推车上，工作时可由管理人员推动小车移动。

(4) 拖拉机悬挂式：喷灌泵安装在拖拉机上，借助拖拉机动力和传动方式带动喷灌泵工作的一种喷灌机组。

(5) 滚移式：水泵和动力装配在行进车上，由拖拉机牵引移动。输水管道长500～600m，上有多个给水栓。喷水管道与输水管道垂直，每根长6～12m，共10根管道和驱动车组成。

(6) 电动中心支轴式：喷水管是一根由一节一节的薄壁金属管连接成的长管道，其上布置许多喷头，下有滚轮。支轴处的井泵和中心控制箱供给压力水并起控制作用，旋转喷灌。

(7) 平移式：连续直线自走式。以中央控制塔车沿供水路线取水自走。

(8) 卷盘式：用软管输水，在喷洒作业时利用喷洒压力水驱动卷盘旋转，牵引远射程喷头，使其沿管线自行移动和喷洒的喷灌机械。

5.3.3 喷灌的主要灌水质量指标

一般以喷灌强度、喷灌均匀度、水滴打击强度三项指标来表示。

1. 喷灌强度

单位时间内喷洒在单位面积上的水量，即单位时间内喷洒在灌溉土地上的水深，一般用mm/min、mm/h来表示。

由于喷灌是不均匀的，所以有点喷灌强度和面喷灌强度（平均喷灌强度）两种概念。

(1) 点喷灌强度 ρ_i。一定时间 Δt 内喷洒到某一点土壤表面的水深 Δh 与 Δt 的比值。

$$\rho_i=\frac{\Delta h}{\Delta t} \tag{5-9}$$

(2) 平均喷灌强度。在一定喷灌面积上各点在单位时间内的喷灌水深的平均值。

$$\bar{\rho}=\frac{\bar{H}}{t} \tag{5-10}$$

单喷头全园喷洒时的平均喷灌强度可用下式计算：

$$\bar{\rho}_{全}=\frac{1000q\eta}{A}(\mathrm{mm/h}) \tag{5-11}$$

式中 q——喷头的喷水量，m^3/h；

A——在全园转动时一个喷头的湿润面积，m^2；

η——喷灌水的有效利用系数，一般为0.8～0.95。

(3) 喷灌系统的平均喷灌强度。

$$\bar{\rho}=\frac{1000q\eta}{A_{有效}}(\mathrm{mm/h}) \tag{5-12}$$

$$A_{有效}=S_1S_m \tag{5-13}$$

式中　S_1——在支管上喷头的间距，m；

S_m——支管的间距，m。

(4) 喷灌平均强度的测定。布设量雨筒，测量水深。量雨筒所在点的喷灌强度按式(5-14)计算。

$$\rho_i=\frac{10w}{t\omega}(\mathrm{mm/min}) \tag{5-14}$$

式中　w——量雨筒承接的水量，cm^3；

t——试验持续时间，min；

ω——量雨筒上部开敞口面积，cm^2。

而喷灌面积上的平均强度为

$$\bar{\rho}=\frac{\sum\rho_i}{n}(\mathrm{mm/min}) \tag{5-15}$$

2. 喷灌均匀度

喷灌均匀度指喷灌面积上水量分布的均匀程度。影响喷灌均匀度的因素见图5-3。

(1) 喷洒均匀系数。

$$C_u=100\left(1-\frac{|\Delta h|}{h}\right)(\%) \tag{5-16}$$

式中　h——整个喷灌面积上平均喷灌水深；

Δh——点喷灌水深平均离差。

结构组成：喷头结构、喷头布置形式、喷头间距、转速的均匀性

外因：工作压力、竖管倾斜度、地面坡度、风向

图5-3　影响喷灌均匀度的因素

C_u 不应低于70%～80%；对于行喷机组式，C_u 不应低于85%。

(2) 水量分布图。包括单个喷头的水量分布图和系统水量分布图两种。

单个喷头在无风情况下，如果转速均匀，等水量线就是一组同心圆。

根据喷头的布置，可以绘制系统累积水量分布图。

3. 水滴打击强度

单位喷洒面积内水滴对作物、土壤的打击动能。与水滴大小、降落速度、密集度有关。目前无法测量，可用水滴直径和雾化度表示。

(1) 水滴直径。水滴直径要求 $1\mathrm{mm}\leqslant D\leqslant 3\mathrm{mm}$，近处的小水滴多，远处的大水滴多。因为水滴越大能量越大。

目前测量水滴直径的方法有两种：滤纸法和面粉法。

(2) 雾化度 ρ_d。是喷头工作压力与主喷嘴直径的比值，$\rho_d=H/d$。不同作物要求的雾化度不一样，蔬菜高于大田作物。同样的喷嘴直径，工作压力越大，雾化度越高。同样的工作压力，作物幼苗期可以用小喷嘴使水滴直径变小。蔬菜 $\rho_d\geqslant 4000$，大田 $\rho_d\geqslant 3000$，果树 $\rho_d\geqslant 2500$。

5.3.4 喷头的种类及其工作原理

喷头是喷灌系统的主要组成部分，它的作用是将有压的集中水流喷射到空中，散成细小水滴并均匀地散布在它所控制的灌溉面积上。

喷头按工作压力可分为：低压喷头，100～200kPa，射程5～12m；中压喷头，200～500kPa，射程14～40m；高压喷头＞500kPa，射程＞40m。

在农田灌溉中，喷头的形式基本上都是中压喷头。

如按喷洒方式，喷头可分为：①散水式（固定式）；②射流式（旋转式）；③孔管式。

1. 旋转式喷头

该类喷头是目前使用最多的一种形式，按转动机构的特点，可分为摇臂式、叶轮式和反作用式。按是否装有扇形机构，可分为全圆喷头和扇形喷头两大类。

（1）摇臂式喷头。

1）喷头组成：喷嘴、喷管、粉碎机构、转动机构、扇形机构、弯头、空心轴、轴套。

2）工作原理：喷头的转动机构是一个装有弹簧的摇臂，在摇臂的前端有一个偏流板和一个勺形导水片。喷灌时，水流通过偏流板或直接冲到导水片上，从侧面喷出。由于水舌的冲击力，使摇臂转动60°～120°，并把摇臂弹簧扭紧，然后在弹簧力作用下又回位，使偏流板导水片进入水舌，在摇臂惯性力和水流切向力作用下，敲击喷体使喷管转3°～5°，完成一个循环。

3）优点：结构简单，便于推广。

4）缺点：在有风和安装不平的情况下，旋转速度不均匀，影响喷灌的均匀性。安装在移动系统中，振动后转动不正常。

5）应用：一般应用于管道系统中。

（2）叶轮式喷头。

1）喷头组成：同摇臂式。

2）工作原理：靠水舌冲击叶轮，由叶轮带动传动机构使喷头旋转。水舌流速很高，一般叶轮转速可高达1000～2000r/min，而喷头要求3～5r/min，因此，通过两极蜗轮蜗杆变速。

3）优点：不受振动影响，正反方向旋转基本一致。不受竖管倾斜和风向影响，工作稳定。

4）缺点：结构复杂，维修不便。

5）应用：一般应用于喷灌机系统中。

（3）反作用式喷头。

1）工作原理：利用水舌离开喷嘴时对喷头的反作用力直接推动喷管旋转。喷水水舌的反作用力不通过喷头的竖轴，而形成一个转动力矩。

2）优点：结构简单。

3）缺点：反作用力较大，转动太快，射程大大降低，反作用力小，工作不可靠，或难以启动。

2. 固定式喷头

在喷灌过程中，所有部件相对于竖管是固定不动的，而水流是在全圆周或部分圆周同时向四周散开。按其结构形式分三种：折射式、缝隙式、离心式。

（1）折射式喷头。

1）喷头组成：喷嘴、折射锥、支架。

2）工作原理：水流由喷嘴垂直向上喷出，遇到折射锥即被击散成薄水层沿四周射出，在空气阻力作用下即形成细小水滴散落在四周地面上。

3）优点：工作水头低，雾化效果好。结构简单，工作可靠，价格便宜。

4）缺点：控制面积小，喷灌强度高。

5）应用：苗圃，绿化地，行走式喷灌系统中。

（2）缝隙式喷头。

1）喷头组成：主要是在管端开出一定形状的缝隙。

2）工作原理：比较简单，略。

3）优点：基本同折射式。

4）缺点：工作可靠性较折射式差，缝隙易堵塞。

5）应用：一般用于扇形喷灌。

（3）离心式喷头。

1）喷头组成：喷管和带喷嘴的蜗形外壳组成。

2）工作原理：水流沿切线方向进入蜗壳，使水流沿垂直轴旋转，经喷嘴射出的水膜，具有离心速度和圆周速度，水舌离开喷嘴后就向四周散开。

3. 孔管式喷头

由较小直径的管子组成，在管子的顶部分布喷水孔，直径1～2mm。

其他略。

5.3.5 旋转式喷头的主要水力参数和影响因素

一般情况下，好喷头要满足下列条件：

（1）结构简单，工作可靠。

（2）喷灌强度小于土壤入渗强度。

（3）同样工作压力，射程远。

主要水力参数包括：射程、水量、水滴直径。

1. 影响喷头射程的因素

主要为工作压力和喷嘴直径。

（1）工作压力和喷嘴直径。根据试验结果，当喷射仰角为30°时，喷嘴前压力、喷嘴直径、射程关系曲线有下列特征：

1）喷嘴直径一致时，射程与压力成正比，射程到一定极限值时，则停止增长。

2）在同一压力下，喷嘴直径越大，极限射程也越大。

3）虽然工作压力和喷嘴直径都与射程成正比，但是在一定的功率下，二者有正确的比例，才能获得最远的射程。

$$N=\frac{1000qH}{102\times3600}(\text{kW}) \tag{5-17}$$

$$Q=uf\sqrt{2gh} \tag{5-18}$$

$$f=3.14d^2/4 \tag{5-19}$$

式中 N——轴功率，kW；

q——喷头流量，m^3/s；

H——提水扬程，m；

Q——管中流量，m^3/s；

h——整个喷灌面积上平均喷灌水深，m；

f——摩阻系数；

d——管道直径，m。

(2) 喷射仰角。固体在真空中抛射，$\alpha=45°$时射程最远。但水舌在空气中则不同，当其他因素相同时，$\alpha=28°\sim30°$，射程最远。所以，一般情况下，$\alpha=30°$。防霜冻的喷头，$\alpha=4°\sim13°$。

(3) 转速。

1) 当喷头固定不动时射程最大。

2) 转速越大，射程减小的百分数越大。所以，中射程喷头1～3min/转，远射程喷头3～5min/转

(4) 水舌的性状。当水舌密实，掺气少，表面光滑，水流紊动少时，射程大。但射程大时，水舌粉碎不好，雾化指标差。二者是矛盾的。

(5) 射程的计算公式：

$$R=1.35\sqrt{dH} \tag{5-20}$$

式中 R——喷射射程，m；

H——喷嘴前水头，m；

d——喷嘴直径，mm。

2. 影响喷灌水量分布的因素

主要为工作压力、喷头的布置形式和间距、风向风力。

(1) 工作压力。根据实践中总结，对于单个喷头：

1) 工作压力适中，水量分布为等腰三角形。

2) 压力过高，水舌过度粉碎，水滴太小，集中在近处较多。

3) 压力过低，水舌粉碎不足，水量大部分集中在远处。

(2) 喷头的布置形式和间距。四种布置形式：正方形、矩形、正三角形、等腰三角形。合理的形式要根据试验求得。

(3) 风向风力。逆风减小的射程要比顺风增加的射程大。

3. 影响水滴直径的因素

(1) 工作压力：压力越大，直径越小。

（2）喷嘴直径：直径越大，水滴越大。

（3）粉碎机构。

（4）转速。

一般用雾化指标来表示，当雾化度 $\rho_d=1500\sim3500$ 时，水滴直径满足要求。

5.3.6 喷灌的主要技术参数及其确定方法

喷灌灌水质量的主要技术参数有：①喷头水量分布图形（全圆、扇形）；②喷头间距；③支管间距（喷头组和间距）；④喷头组合方式（正方形、三角形等）；⑤支管方向（与风向的关系）。

1. 确定喷头组合间距的方法

喷头的组合间距不仅直接受喷头射程的制约，同时也受系统要求的喷灌均匀度、土壤允许喷灌强度的制约。因此，常将喷头的组合间距的确定和喷头选型一起进行。

确定喷头组合间距的方法有几何组合法、修正几何组合法、经验系数法。但最终归结起来，它们都是用系数乘以喷头的射程来确定组和间距的，其中，经验系数法考虑了风的影响，使用普遍，而且规范也推荐这 ·方法。下面仅介绍这一方法。

喷头间距：
$$S_1=C_1R \tag{5-21}$$

支管间距：
$$S_m=C_mR \tag{5-22}$$

式中 R——喷头射程，m；

C_1、C_m——组合系数，与地面以上 10m 高风速有关。

2. 支管方向确定

为了减少支管个数，支管最好与风向垂直。

3. 喷头组合方式的选择

一般用相邻的四个喷头的平面位置组成的图形来表示。三角形组合式往往造成支管首尾的工作条件特殊，但是控制面积较矩形组合大。有稳定风向时，常常采用矩形组合；风向多变时，常常采用正方形组合。

5.3.7 拟定灌水定额和灌水周期

（1）设计灌水定额。

$$m_{设}=0.1H(\theta_{max}-\theta_{min})(mm) \tag{5-23}$$

式中 H——土壤计划湿润层厚度，mm，大田为 40～60；

θ_{max}——灌后土层达到的允许含水量的上限，为田间持水量；

θ_{min}——灌前土层含水量下限，一般为田间持水量的 60％～70％。

（2）设计灌水周期。

$$T_{设}=\frac{m_{设}}{e}(d) \tag{5-24}$$

式中 e——作物耗水量最大时的日平均耗水量，mm/d。

（3）一次灌水所需时间。

$$t=\frac{m_{设}}{\bar{p}_{系统}}(\mathrm{h}) \tag{5-25}$$

$$\bar{p}_{系统}=\frac{1000q\eta}{S_m S_1} \tag{5-26}$$

式中 $\bar{p}_{系统}$——系统平均喷灌强度，mm/d；

η——喷洒水有效利用系数，一般为0.7～0.9；

q——一个喷头的流量，m^3/h；

S_1——喷头间距，m；

S_m——支管间距，m。

（4）同时工作的喷头数。

$$N_{喷头}=\frac{A}{S_m \times S_l} \times \frac{t}{T_{设} C} \tag{5-27}$$

式中 A——整个喷灌系统的面积，m^2；

C——一天中喷灌系统有效工作小时数，h。

（5）同时工作的支管数。

$$N_{支}=\frac{N_{喷头}}{n_{喷头}} \tag{5-28}$$

5.4 滴 灌

5.4.1 滴头的种类和工作原理

在滴灌系统中，常把滴头称作滴灌的心脏。其作用是把末级管道中的压力水流均匀而稳定地分配到田间，满足作物对水分的要求。

1. 对滴头的基本要求

（1）出水量小。

（2）出水均匀、稳定。

（3）结构简单，便于制造和安装。

（4）价格低廉，坚固耐用，不易堵塞。

2. 滴头的分类

（1）按滴头和毛管的连接方式分类。

1）管上式：是安装在毛管上的一种滴头形式，施工时，在毛管上直接打孔，然后将滴头插在毛管上。如微管滴头、孔口滴头。

2）管间式滴头：安装在毛管中间，本身成为毛管的一部分。如管式滴头。

3）滴灌带管：在制造过程中，将滴头和毛管组装成一体的管状和带状灌水器。

（2）按滴头的流态分类。

1）层流式（$x=1.0$）。

2）紊流式（$x<1.0$）：中国90％为紊流式滴头。

（3）按滴头的结构和消能方式分类。

1）微管式滴头：内径0.8～2.0mm的微塑料管直接插入毛管，按沿程摩擦损失来消耗能量。$Q=aL^bH^cD^d$。优点：结构简单。缺点：层流受水温的影响大。应用：地形起伏的丘陵坡地。

2）管式滴头（长流道式滴头）：靠流道壁的沿程阻力来消除能量。如内螺纹、迷宫滴头等。计算公式：$q=113.8A(2gHD/fL)^{1/2}$（管口出流公式）。一般流量在2～12L/h，工作压力100～150kPa，层流少，紊流多。优点：结构紧凑，成本低，偏差系数较小。缺点：局部水头损失较大。应用：比较广泛。

3）孔口式：以孔口出流造成的局部水头损失来消能。计算公式：$q=uA\sqrt{2gH}$（孔口出流公式），流量6～70L/h，工作压力20～30kPa，紊流滴头。优点：结构简单，价格低，易更换。流量受压力变化影响小。缺点：偏差系数大，易堵塞，灌水均匀性差。应用：水质较好地区。

4）涡流消能式：水流进入滴头的蜗室内形成涡流，涡流中心低压区出水量小。

5）双壁毛管：由两层管壁组成。流量1～5L/h，工作压力30～150kPa。优点：经济，容易安装，不易堵塞。缺点：在坡地上出流不均。应用：季节性中耕作物，地形坡度较小。

通常滴头流量与压力的关系如下：

$$q=KcH^X \tag{5-29}$$

式中　Kc——表征滴头尺寸的比例系数；

H——滴头的工作压力水头，m；

X——表征滴头流态的流量指数。

5.4.2　滴头的选择

1. 滴头的选用原则

（1）流量符合设计要求。一般流量为6～8L/h，对压力和温度变化敏感性小。

（2）工作可靠，不易堵塞。

（3）制造误差小。$F_v\leqslant10\%$。

（4）结构简单，价格便宜。

2. 滴头与毛管的布置方式

（1）单行直线布置：植物较小。中壤土。

（2）双行直线布置：间距较大，土壤沙性较强。

（3）单行带环状布置：间距＞5m，成龄果园建设滴灌系统。

（4）单行带微管布置：同（3）。

5.4.3　滴灌的主要灌水质量指标

1. 灌水均匀系数

滴灌是一种局部灌溉，不要求在整个灌水面积上水量分布均匀，而要求每棵作物灌到的水量是均匀的。

$$Eu=\left[1-\frac{1.27F_v}{\sqrt{e}}\right]\frac{q_{\min}}{q_0}\times 100\%>90\% \tag{5-30}$$

$$Fv=\frac{S_d}{q_0} \tag{5-31}$$

$$S_d=\frac{\sqrt{q_0{}^2+q_2{}^2+q_3{}^2+\cdots+q_n{}^2-nq_0}}{\sqrt{n-1}} \tag{5-32}$$

式中　Eu——每棵作物灌水均匀度；

F_v——滴头的制造偏差系数，$F_v=S_d/q_0$，$q_0=2\%\sim10\%$；

S_d——50以上滴头测得的流量的标准偏差；

e——每棵作物最少的滴头数目；

$q_{\min}$——最小压力对应的流量，L/h；

q_0——所有滴头的平均流量值，L/h。

2. 灌水效率

净灌溉用水量与毛灌溉用水量之比。

$$\eta_{水}=K_s E_u \tag{5-33}$$

$$m_{毛}=1.1m/\eta_{水}$$

式中　K_s——灌水最少处蒸腾量与总灌水量之比，$K_s=0.9$。

5.4.4　滴灌系统的布置和设计

1. 收集资料

收集地形、气象、水文、土壤、社会经济、水源等资料。

2. 滴灌的灌溉制度

(1) 灌水定额：

$$m=1000H(\theta_{\max}-\theta_{\min})aP \tag{5-34}$$

式中　m——设计灌水定额，mm，折合到全部面积上的值；

H——计划湿润层深度，m；

$\theta_{\max}$——田间持水率；

$\theta_{\min}$——最小含水率，这里指凋萎系数；

a——允许消耗的水量占土壤有效水量的比例；

P——土壤湿润比。

(2) 设计灌水周期：

$$T=\frac{m}{e} \tag{5-35}$$

式中　T——设计灌水周期，d；

e——作物蓄水旺盛时期的平均需水量，mm/d。

$$e=(0.1+A)e_{\max} \tag{5-36}$$

式中　A——遮阴率。

(3) 一次灌水延续时间：

$$t=\frac{m}{P} \tag{5-37}$$

$$P=\frac{q}{S_eS_1} \tag{5-38}$$

式中　t——一次灌水所需时间，h；

P——滴灌强度折合到全部面积上的值，mm/h；

S_e——滴头间距，m；

S_1——毛管间距，m；

q——滴头流量，L/h。

如果以单棵树为单元：

$$t=\frac{mS_rS_t}{nq} \tag{5-39}$$

式中　S_r——果树行距，m；

S_t——果树株距，m；

n——滴头个数。

(4) 轮灌区数目。

对于固定式系统　$N\leqslant 24T/t$　(5-40)

对于移动式系统　$N\leqslant 24T/n_{移}\ t$　(5-41)

(5) 一条毛管控制的灌溉面积：

$$f=0.0015n_{移}\ S_{移} \tag{5-42}$$

3. 滴灌系统控制的灌溉面积大小

$$A=mfN \tag{5-43}$$

$$m=\frac{Q}{Q_{毛}} \tag{5-44}$$

式中　A——滴灌系统控制的灌溉面积，亩；

m——同时工作的毛管条数；

Q——水源流量，L/h；

$Q_{毛}$——一条毛管的数水流量，L/h。

4. 滴灌水力计算

(1) 计算干、支、毛管流量。

毛管　$Q_{毛}=nq$　(5-45)

式中　q——每个滴头的流量，L/h；

n——一根毛管上的滴头数；

$Q_{毛}$——毛管流量，L/h。

支管　$Q_{支}=n_1Q_{毛}$　(5-46)

式中　n_1——该支管同时工作的毛管数。

干管　$Q_{干}=n_2Q_{支}$　(5-47)

式中　n_2——干管控制的支管数。

（2）确定管径。毛管：10～15mm；干、支管40～100mm。

（3）计算水头损失。

沿程水头损失
$$\Delta H=\frac{5.35Q^{1.852}}{D^{4.817}L} \tag{5-48}$$

局部水头损失
$$h_j=\zeta\frac{v^2}{2g}=\frac{10\%}{\Delta H} \tag{5-49}$$

（4）毛、支管道工作压力计算。

1）假定D、L。

2）计算毛、支管各点水头：

$$H_i=H-\Delta H_i\pm\Delta Z_i \tag{5-50}$$

式中 H——进口压力水头；

H_i——任一管断面的压力水头；

ΔH_i——沿管长任一段面的水头损失；

ΔZ_i——由管坡引起的压力水头变化。

3）求沿毛管、支管的压力水头分布曲线。

4）校核支管控制范围内滴头的工作压力，$1-H_{min}/H_{max}<20\%$。

5）若不满足要求，要改变毛、支管的直径或长度，重新计算，直到满足为止。

（5）干管水力计算。推求满足支管进口压力的干管工作压力：

$$H_A=H_B+\Delta H\pm\Delta Z \tag{5-51}$$

式中 H_A——管段上端压力水头；

H_B——管段下端压力水头；

ΔZ——两端地形高差，上坡为正，下坡为负。

当地面坡度大于经济坡度时，取水力坡度等于地面坡度；当地面坡度小于经济坡度时，取水力坡度等于经济坡度。

5.5 微 喷 灌

5.5.1 微喷灌的主要灌水质量指标

微喷灌是介于喷灌和滴灌之间的一种灌水方法，因此灌水质量指标与两者相似，灌水均匀系数和灌水效率与滴灌相同，强度与喷灌相似。所不同的是微喷是局部灌溉，不考虑湿润面积的重叠，所以要求单喷头的平均喷灌强度小于土壤允许喷灌强度。水滴打击强度很小，不作为主要指标。

1. 灌水均匀系数

$$E_u=\left(1-1.27\frac{F\upsilon}{\sqrt{e}}\right)\times\frac{q_{min}}{q_0}\times100\% \tag{5-52}$$

2. 灌水效率

$$\eta_水=K_sE_u \tag{5-53}$$

3. 单喷头平均喷灌强度

$$\rho_{喷头}=\frac{1000q\eta}{A_{单喷头}} \tag{5-54}$$

5.5.2 微喷头的种类及其工作原理

1. 微喷头的基本情况

(1) 微喷头具有以下特点：

1) 体积小：小的0.5～1.0cm，大的10cm。

2) 压力低：50～300kPa。

3) 射程短：10～50cm，6～7m。

4) 雾化好。

(2) 微喷头的作用：

1) 粉碎水舌成细小的水滴，达到好的雾化效果。

2) 用喷洒的方式消散水头，达到要求的射程和出水量。

(3) 微喷头的种类：

1) 按喷洒面积分：全圆喷头和扇形喷头。

2) 按结构和工作原理分：射流式（旋转时）；离心式、折射式、缝隙式（固定式）。

2. 射流式喷头

(1) 结构：支架、折射臂、喷嘴、接头。

(2) 工作原理：水流的反作用原理。

(3) 特点：由于出流道较长，可有较远的射程；水束做周向运动，降水强度降低；通过对出流道的专门设计，可以获得较高的均匀度。

(4) 适用：透水性较低的土壤。

3. 离心式微喷头

(1) 结构：接头、离心室、喷嘴。

(2) 工作原理：水流在喷出喷嘴前，经流道或离心室使水流产生旋转，并以此状态喷洒出去。

(3) 特点：工作压力低，雾化程度高，减少堵塞。

4. 折射式微喷头

(1) 结构：支撑杆、折射锥、喷嘴。

(2) 工作原理：水在喷嘴附近被非运动的部件和结构强行改变流动方向并被粉碎成为小水滴。

(3) 特点：水滴尺寸小，射程近，雾化程度高，强度较大，喷洒图形可以有各种。

5.5.3 微喷头的选择与布置

1. 微喷头的选择

(1) 单喷头 $\rho \leqslant I_{土壤}$。

(2) 喷水量要适合作物各生育阶段的要求。

(3) 制造误差不大于10%。

(4) 敏感性差。

(5) 工作可靠，不易堵塞，旋转可靠。

(6) 经济耐用。

2. 微喷头的布置（技术参数）

包括高度上和平面上布置。

高度上：放在作物的冠盖下面，不能太靠近地面，防堵塞。不能太高，打湿枝叶。离地20～50cm。

平面上：每棵作物布置一个，30%～75%的根系得到灌溉。(缺水地区不轻易移动)

5.6 渗 灌

渗灌的主要技术参数如下。

(1) 管道埋设深度：40～60cm。

(2) 灌水定额：15～40m^3/亩。

(3) 管道间距：有压5～8m；一般2～3m。

(4) 管道长度：20～50m。

(5) 管道坡度：0.001～0.005。

渗灌在北方适应性差，埋深小，冬季有冻胀破坏的可能。目前开发塑料管道，可以解决这一问题。

第6章 灌溉渠道系统

6.1 灌溉渠系规划

灌溉渠道系统是指从水源取水，通过渠道及其附属建筑物向农田供水，经由田间工程进行农田灌水的工程系统。包括渠道工程，输、配水工程，田间工程。

6.1.1 灌溉渠系概述

1. 灌溉渠系的组成

灌溉渠系由灌溉渠道与泄水、退水渠道组成。

（1）灌溉渠道包括以下三方面：

1）输水渠道：干渠（固定）。

2）配水渠道：支、斗、农渠道（固定）。

3）田间渠道：毛渠、输水沟、灌水沟、畦、格田田埂（临时）。

（2）泄、退水渠道包括以下三方面：

1）渠首排沙渠。

2）中途泄水渠。

3）渠尾退水渠。

通常情况下，大型灌区（30万亩以上）一般多于四级，可能有分干、分支、分斗等。小型灌区有可能少于四级，只设置干、斗、农渠。

中途泄水渠一般布置在重要建筑物，险工渠段上游，保证渠道、建筑物安全运行。干、支渠末端设置退水渠。

2. 灌溉渠道的规划原则

（1）各级渠道应选择在各自控制范围内地势较高地带。干渠、支渠宜沿等高线或分水岭布置，斗渠宜与高线交叉布置。

（2）渠线应避免通过风化破碎的岩层、可能产生滑坡及其他地质条件不良的地段。

（3）渠线宜短而直，并有利于机耕，避免深挖、高填和穿越村庄。

（4）土渠弯道半径应大于水面宽的5倍，其他应大于2.5倍。

（5）渠系布置应兼顾行政区划，每个乡、村应有独立的配水口。

（6）自流灌区内的局部高地，经论证可实行提水灌溉。

（7）不宜在同一块地布置自流和提水两套系统。

（8）干渠上的主要建筑物和重要渠段的上游，应设置泄水渠、闸，干渠、支渠和重要的斗渠末端应有退水设施。

（9）对渠道沿线的山洪应予以截导，防止进入灌溉渠道，必须引洪入渠时，应校核渠道的泄洪能力。

(10) 干、支渠布置应遵循下列原则和基本要求。

1) 应通过方案比较，确定渠道工程量和交叉建筑物工程量。

2) 布置在较高地带，沿等高线或沿分水岭布置大型渠道，最好不通过库、塘。

3) 干渠输水段考虑行水安全，一般布置成挖方，并尽量避免深挖、填、地质条件差，有隐患和穿越村庄的地段。

4) 支渠以方便配水为主，一般半挖半填，以节省土方。

5) 平原区支渠长度最好不超过15km，支渠间距视斗渠长度而定，一般一侧控制时3～5km，两侧控制时可增大1倍。

6) 土质干、支渠弯道半径大于水面宽的5倍，当小于5倍时，考虑防护措施，衬砌渠道大于水面宽的2.5倍。

6.1.2　干、支渠的规划布置形式

按地区条件，灌区可分为三大类：山区、丘陵区灌区；平原区灌区；圩垸区（滩地）灌区。

1. 山区、丘陵区灌区的干、支渠布置

(1) 地形特点：地形复杂，岗冲交错，起伏剧烈，坡度较陡，耕地分散。

(2) 渠道特征：①干渠沿等高线布置，一般使用于狭长形等高线平行河流的灌区；②干渠沿岗脊线布置，一般适于浅丘岗地（水库下游）；③高填高挖方渠道多；④长藤结瓜式的水利系统；⑤没有盐渍化，但需防山水下池，需修截流沟。

2. 平原区灌区的干、支渠布置

(1) 地形特点：无论山前平原区灌区，还是冲积平原区灌区，大多位于河流中下游，地形平坦、宽阔，耕地集中连贯。

(2) 渠系特征：干渠沿等高线布置，支渠垂直等高线。

3. 圩垸区（滩地）灌区的干、支渠布置

圩垸：由于外河水位高于农田，所以耕地四周均设堤防，内部区域叫做圩垸。

(1) 地形特点：分布在沿江，沿湖滩地和三角洲地区，地形平坦低洼，多河湖港汊，水网密集，外洪内涝威胁，地下水位较高。

(2) 渠系特点：干渠多沿圩堤布置，只有干、支渠两级。

6.1.3　斗、农渠的规划、布置形式

1. 斗、农渠布置要满足以下要求

(1) 便于配水，提高灌溉效率。

(2) 适应农业生产，耕作的要求。

(3) 平整土地，修渠道、建筑物工程量最少。

(4) 平原区斗渠控制面积3000～5000亩，长3～5km，间距600～1200m。

(5) 农渠长500～1000m，宽200～400m，控制面积200～600亩。

2. 布置形式

斗、农渠结合斗、农沟布置，根据沟渠的相对位置和不同作用，主要有以下两种基本布置形式。

（1）灌排相邻布置。斗、农沟渠相邻平行布置，适用于地形坡向单一，灌排方向一致的地区。

（2）灌排相间布置。斗、农渠向两侧灌水，斗、农、沟承接两侧的排水。适用于地形平坦，或起伏不大的地形，一般灌渠布置在高处，排水沟布置在低处。与灌排相邻布置相比，在保证田块一致的情况下，渠道、沟道长度减少，但流量增加。由于田间斗、农沟渠断面大多为标准形式，所以减少近一半工程量。

6.1.4 渠线规划步骤

干、支渠道渠线规划大致可分为查勘、纸上定线和定线测量三个步骤。

1. 查勘—踏查阶段

先在小比例地形图上（1/50000）按照渠系布置原则，初步布置干、支渠位置，地形复杂可布置几条比较线路，然后进行实地踏查，调查渠道沿线地形，地质条件，估计建筑物类型、规模，对险工难段初步勘察、复勘，经初步方案比较，估算工程量后，初步确定一个可行的渠线布置方案。该阶段一般在项目的可行性研究或规划阶段进行。

2. 纸上定线

在山丘区，地形复杂，对初步确定的渠线，测量带状地形图。比例尺为1/1000～1/5000，等高线0.5～1.0m，宽100～200m，把查勘后的渠线落实到带状地形图的中心，比较分析后，重新在带状地形图上定出渠线位置，位置的确定要考虑水位要求、半填半挖断面、适宜比降等条件，渠线顺直。

3. 定线测量

把带状地形图上重新确定的渠道中心线放到地面上，沿线打木桩，间距为100m～200m～500m不等，该阶段一般在初步设计阶段进行。

注意：对于小型灌区，平原型灌区，一般经历下面几个阶段：渠线规划（1/10000）；实地调查、修改渠线；定线测量。

6.1.5 渠系建筑物的规划布置

渠系建筑物：指各级渠道上的建筑物。按照其在渠道上的作用、位置和构造的不同，可分为以下几种类型。

（1）引水建筑物：无坝取水的渠首闸；有坝取水的进水闸、拦河坝、冲沙闸等引水枢纽（归到引水工程）；提水泵站；调节河道流量的水库、抽取地下水的水井等。

（2）配水建筑物。

1）分水闸：上下级渠道分水的地方，该建筑物在支渠上叫分水闸，在斗、农渠上分别称为斗门和农门。

2）节制闸：抬高上游渠道的水位或阻止渠水继续流向下游。一般横跨干、支渠，垂直渠道中心线布置。

（3）交叉建筑物。

1）隧洞：渠岗相交，深挖方工程量过大，或1～3级渠道傍山岭（塬）布置长度超过直穿山岭（塬）5倍，且山岭（塬）地质条件好时，经技术经济比较可以选择隧洞。

2）渡槽：渠沟、渠路相交，渠底高于最高洪水位大于路面净空，可以架设渡槽，让渠道从河沟、道路上空的上方通过。

3）倒虹吸：渠沟、渠路相交，但渠底低于路面、河沟水位，采用倒虹吸使水流从河流或路的下面穿过。

（4）衔接建筑物：包括跌水、陡坡。当渠道沿程坡度变化较大，为保证较大落差下渠床不被冲坏，需要修建跌水、陡坡或多级跌水衔接建筑物，以消能和防冲。

（5）泄水建筑物：其作用就是退泄渠道多余水量。为了保证渠道的安全运行，通常在重要建筑物和大填方渠段的上游以及山洪入渠处的下游修建。通常是在渠岸上修建溢流堰或泄水闸，干、支渠和重要斗渠末端设置退水闸和退水渠。

（6）量水建筑物：各渠道引水、分水、泄水、退水处均应设置量水设施，并与渠系建筑物结合布置。量水设施有量水堰，包括三角形量水堰和梯形量水堰、巴歇尔量水槽等。

6.2 田间工程规划

田间工程指最末一级固定渠道（农渠）和固定沟道（农沟）之间条田范围内的临时渠道、排水小沟，田间道路、稻田的格田和田埂，旱地的灌水畦和灌水沟，小型建筑物以及平整土地等农田建设工程。

6.2.1 田间工程规划要求和规划原则

1. 要求

（1）完善的田间灌排系统，配置必要建筑物。

（2）田面平整。

（3）田块适应农机需要，提高土地利用率。

2. 规划原则

（1）在农业发展规划和水利建设规划基础上进行。

（2）考虑当前需要和长远发展的要求，全面规划，分期实施。

（3）因地制宜，讲求实效。

（4）治水改土为中心，实行水、田、村、路综合治理。创造良好生态环境，农林牧副渔全面发展。

6.2.2 条田规划

农沟间距为100～200m，排除地表明水的需要，当控制地下水位排渍时，视需要而定，一般为几十米。

农沟长度为400～800m，考虑机耕、灌水要求。农渠根据农沟的布置情况、地形情况、布置相邻、相间形式，从而确定条田规格。

综合起来，条田一般宽100～200m、长400～800m。

6.2.3 田间渠系布置

田间渠系包括毛渠，输水沟、灌水沟、畦，格田、田埂（水）。

1. 纵向布置

毛渠布置与灌水沟、畦方向一致，使灌水方向与地面坡向一致，灌溉水田毛渠经输水沟，到灌水沟（畦田），一般情况下，毛渠垂直等高线，当1%坡度时，可斜交。

适用：地形复杂，土地平整差，地形坡度>1/400的地区。

2. 横向布置

毛渠布置与沟、畦方向垂直，灌溉时，水从毛渠直接进入灌水沟（畦），省去了输水沟，从而减少了田间渠系的长度，节省耕地占用量，减少水量损失。

适用：地面坡向一致，坡度较小的条田。地形坡度 $I<1/400$。

6.2.4 稻田区的格田规划

特点：在条田内修田埂，将其分成许多格田，没有毛渠，输水沟、灌水沟等。田埂高20～30cm，埂顶宽30～40cm，长边沿等高线布置，长度为农渠、沟距离，60～100m。格田宽度20～40m。

据调查，格田有扩大的趋势，大的格田10亩左右，约6670m^2。

6.2.5 灌渠规划程序概要

（1）自然概况。灌渠所在地区及灌区的自然，社会经济状况，农业水利现状和发展规划，提出兴建灌溉工程的必要性。

（2）灌区水土资源平衡计算。初选灌区开发方式，确定灌区范围，确定灌水方法。

（3）调查全区土地利用现状，进行灌区土地利用规划、初定灌溉面积、农林牧业生产结构、作物组成、轮作制度、计划产量等。

（4）分析灌区可能产生涝碱的原因，结合灌区地形土壤，水文地质等条件，初拟灌区水利、土壤改良分区。论述排水工程的必要性和排水工程初步规划，选定排水方式。

（5）拟定设计水平年，选定灌溉设计保证率。

（6）拟定灌溉制度，初选灌溉水利田系数，进行灌区供需水量平衡计算，拟定年用水量及年内分配。

（7）基本选定灌区工程总体布置方案，水源工程主要建筑物规模和主要参数，干、支渠交叉建筑物的位置，设计规模及灌区内部调蓄的主要参数。

(8) 提出典型区田间灌排渠系布置规划。

6.3 灌溉渠道流量推算

6.3.1 灌溉渠道流量概述

在灌溉实践中，渠道的流量是在一定范围内变化的，设计渠道的纵横断面时，要考虑流量变化对渠道的影响，通常用以下三种特征流量覆盖流量变化范围，代表在不同运行条件下的工作流量。

1. 设计流量

在灌溉设计标准情况下，为满足灌溉用水要求，需要渠道输送的最大流量。

$$Q_{设}=Q_{净}A(\text{续灌}) \tag{6-1}$$

$$Q_{设}=Q_{净}+Q_{损}=Q_{毛} \tag{6-2}$$

考虑到输水损失的流量为毛流量。

2. 最小流量

在灌溉设计标准条件下，渠道在工作过程中输送的最小流量为 $Q_{净\min}=q_{净\min}A$、$q_{净\min}\geqslant 40\% q_{净设}$，确定最小流量的目的是复核下一级渠道水位控制条件和确定修建节制闸的位置。一般在干渠上修建节制闸以壅高水位满足支渠最小流量的要求。

3. 加大流量

考虑到在灌溉工程运行过程中可能出现一些难以准确估计的附加流量，把设计流量适当放大后所得到的安全流量，是渠道运行过程中可能出现的最大流量。在设计渠道和建筑物时留有余地，按加大流量校核其最大过水能力。加大流量和最小流量对续灌渠道有意义。

6.3.2 灌溉渠道水量损失

灌溉渠道在输水过程中，有部分流量由于渠道渗漏、水面蒸发等原因，沿途损失掉，不能进入田间为农作物所利用。这部分流量叫 $Q_{损}(Q_e)$。

1. 类型和成因

(1) 输水损失包括：①渗水损失，渠底、边坡孔隙中渗漏；②漏水损失，由于地质、施工、管理造成；③水面蒸发，占渗漏 5%，一般不计。

$$\eta_c=\frac{Q_1+Q_2+Q_3}{Q_{g干}} \tag{6-3}$$

式中 Q_1、Q_2、Q_3——渗水损失、漏水损失和水面蒸发；

$Q_{g干}$——干渠毛流量。

在规划设计时，一般只考虑第一种情况。这就是为什么设计灌区的 $\eta_{水}$ 大于实际 $\eta_{水}$ 的原因。

(2) 影响渗水损失的主要因素：

1) 土壤性质，断面形式，渠中水深。

2）水文地质条件（地下水埋深及出流条件）。

3）渠道的工作制度（连续输水或间歇输水）。

4）渠道淤积情况。

5）衬砌。

（3）渗流阶段。

1）自由渗流：自由渗流分为湿润渠道下部土层阶段（轮灌）和渠道下形成地下水峰阶段（续灌），当渠道渗水不受地下水影响时的渗流叫自由渗流。

2）顶托渗流：当渠道渗水受地下水位的顶托影响时的渗流叫顶托渗流。一般指地下水峰上升至渠底，地下水地面水连成一片。

3）出现的条件：大型连续工作的渠道，地下水埋藏较浅。

2. 渠道渗水损失计算

（1）一般用经验公式计算。

1）自由渗流下渠道损失计算

$$\delta=\frac{A}{100}Q_n^m \tag{6-4}$$

式中 δ——每千米渠道输水损失系数；

A——渠底土壤透水系数；

m——渠底土壤透水指数；

Q_n——渠道净流量，m^3/s。

土壤渗透性参数 A、m 可以根据实测资料求得。缺乏资料的地区可参考表6-1中数值。

表6-1 土壤渗透性参数表

渠床土质	土壤透水性	透水系数 A	渗水指数 m
重黏土及黏土	弱透水性	0.7	0.3
重黏壤土	中弱透水性	1.30	0.35
中黏壤土	中等透水性	1.9	0.4
轻黏壤土	中强透水性	2.65	0.45
砂壤土及轻砂壤土	强透水性	3.4	0.5

损失流量：

$$Q_l=\frac{Q_n}{\eta_c}-Q_n=\left(\frac{1-\eta_c}{\eta_c}\right)Q_n \tag{6-5}$$

式中 Q_l——渠道输水损失流量，m^3/s。

$$Q_l=\delta LQ_n=\frac{AQ_nL}{100Q_n^m} \tag{6-6}$$

式中 L——渠道长度，km；

δ——同前，用小数表示。

令 $S=10AQ_n^{1-m}$，L/(s·km)，则 $Q_l=\frac{SL}{1000}$，S 已经制成表格6-2，可查用。

表6-2 **渠道输水损失表**

渠道净流量 /(m^3/s)	每千米渠长的输水损失量/(L/s)				
	弱透水性 $m=0.3$ $A=0.7$	中下透水性 $m=0.35$ $A=1.3$	中等透水性 $m=0.4$ $A=1.9$	中上透水性 $m=0.45$ $A=2.65$	强透水性 $m=0.5$ $A=3.4$
0.051~0.060	0.9	2.0	3.3	5.4	8.0
0.061~0.070	1.0	2.2	3.7	5.9	8.7
0.071~0.080	1.1	2.5	4.0	6.4	9.3
0.081~0.090	1.2	2.6	4.3	6.8	9.8
0.091~0.100	1.3	2.8	4.6	7.3	10.0
0.101~0.120	1.5	3.1	5.0	7.9	11.0
0.121~0.140	1.7	3.4	5.6	8.6	12.0
0.141~0.170	1.9	3.8	6.2	9.7	13.0
0.171~0.200	2.2	4.3	6.9	10.6	15.0
0.201~0.230	2.4	4.7	7.6	11.6	16.0
0.231~0.260	2.6	5.1	8.2	12.2	17.0
0.261~0.300	2.9	5.6	8.8	13.1	18.0
0.301~0.350	3.2	6.0	9.6	14.2	19.0
0.351~0.400	3.5	6.6	10.0	15.4	21.0
0.401~0.450	3.8	7.3	11.0	16.4	22.0
0.451~0.500	4.2	7.9	12.0	17.5	23.0
0.501~0.600	4.6	8.7	13.0	19.0	25.0
0.601~0.700	5.2	9.7	15.0	20.8	27.0
0.701~0.850	5.8	10.9	16.0	22.8	30.0
0.851~1.000	6.5	12.3	18.0	25.0	33.0
1.001~1.250	7.1	13.9	20.0	28.2	36.0
1.251~1.500	8.7	15.7	23.0	31.2	40.0
1.501~1.750	9.9	18.3	26.0	34.8	43.0
1.751~2.000	11.0	19.3	28.0	37.0	46.0
2.001~2.500	12.0	22.0	31.0	41.0	51.0
2.501~3.000	14.0	24.3	35.0	46.0	57.0
3.001~3.500	16.0	27.1	39.0	50.0	62.0
3.501~4.000	18.0	30.0	42.0	54.0	66.0
4.001~5.000	20.0	34.0	47.0	60.0	72.0

续表

渠道净流量/(m³/s)	每千米渠长的输水损失量/(L/s)				
	弱透水性 $m=0.3$ $A=0.7$	中下透水性 $m=0.35$ $A=1.3$	中等透水性 $m=0.4$ $A=1.9$	中上透水性 $m=0.45$ $A=2.65$	强透水性 $m=0.5$ $A=3.4$
5.001～6.000	23.0	38.1	53.0	68.0	80.0
6.001～7.000	26.0	43.0	58.0	74.0	87.0
7.001～8.000	29.0	47.0	64.0	80.0	93.0
8.001～9.000	31.0	51.0	69.0	86.0	99.0
9.001～10.000	32.0	55.0	74.0	91.0	105.0
10.001～12.000	34.0	61.0	81.0	98.0	112.0
12.001～14.000	42.0	68.0	89.0	100.0	122.0
14.001～17.000	48.0	76.0	98.0	120.0	134.0
17.001～20.000	54.0	86.0	109.0	132.0	147.0
20.001～23.000	60.0	94.0	120.0	144.0	153.0
23.001～26.000	66.0	102.0	130.0	152.0	168.0
26.001～30.000	72.0	110.0	139.0	162.0	180.0

2）顶托情况下，输水损失：

$$Q'=rQ_l \tag{6-7}$$

3）衬砌渠道渗水损失：

$$Q''L=\beta Q_l \text{ 或 } Q''L=\beta Q'L \tag{6-8}$$

（2）用经验系数估算输水损失水量。

1）渠道水利用系数：某渠道净流量和毛流量的比值。

$$\eta_c=\frac{Q_n}{Q_g} \tag{6-9}$$

任一渠道，首端是毛流量，分配给下级各渠道流量总和为净流量。

2）渠系水利用系数：同时工作的各级渠道水利用系数的乘积。

$$\eta_{渠系}=\eta_{干}\ \eta_{支}\ \eta_{斗}\ \eta_{农} \tag{6-10}$$

反映整个渠系水量损失情况。对于设计阶段，反映灌渠的自然条件和工程技术状况。对于已建灌渠而言，还反映灌渠管理水平。一般大的灌渠较小的灌渠渠系水利用系数小。

3）田间水利用系数：实际灌入田间的有效水量和末级固定渠道放出的水量的比值。

$$\eta_f=A_{农}\frac{m_n}{W_{农净}} \tag{6-11}$$

式中 $A_{农}$——农渠的灌溉面积，亩；

m_n——净灌水定额，m³/亩；

$W_{农净}$——农渠供给田间的水量，m^3。

是反映田间工程状况和灌水技术水平的重要指标。旱田 $\eta_f=0.90$；水田$\eta_f=0.95$。

4）灌溉水利用系数：指实际灌入农田的有效水量和渠首引入水量的比值。

$$\eta_0=A\frac{m_n}{W_g} \tag{6-12}$$

式中 A——某次灌水全灌区的灌溉面积，亩；

m_n——净灌水定额，m^3/亩；

W_g——某次灌水渠首引入的总水量，m^3。

一般情况下，在设计灌区时，以设计流量设计灌水定额代替上述数值。

由此可知：

$$Q_L=Q_g-Q_n=Q_g-\eta_c Q_g=Q_g(1-\eta_0) \tag{6-13}$$

选择了经验系数后，可根据净流量计算毛流量。

6.3.3 渠道的工作制度

1. 轮灌与续灌

渠道的工作制度就是渠道输水的工作方式，分为续灌和轮灌。

续灌：在一次灌水延续时间内，自始至终连续输水的渠道称为续灌渠道。这种输水工作方式称为续灌，一般情况下面积较大的灌区干、支渠续灌，面积较小的灌区各级渠道均为续灌。

轮灌：同一级渠道在一次灌水延续时间内轮流输水的工作方式叫轮灌，实行轮灌的渠道称为轮灌渠道。

（1）实行轮灌的优点：①缩短了各条渠道输水时间，同时工作的渠道长度较短，减少了损失水量；②有利于耕作，提高效率。

（2）缺点：加大了渠道的流量，增加了渠道工程量，干旱季节影响用水单位均衡受益。

（3）适用：大中型灌区斗、农渠道。

（4）轮灌分组：分组集中轮灌、分组插花轮灌。

2. 渠道轮灌与管道轮灌的不同

管道系统支管轮灌，并没有加大管道流量，而是按设计流量进行轮流灌水。渠道轮灌是在加大流量基础上，把整个灌区的净流量集中先灌某个轮灌区，再灌另一个轮灌区，以便减少灌水时间，减少输水损失。

划分轮灌组应注意的问题：

（1）各轮灌组控制面积基本相等。

（2）输水能力与来水相适应。

（3）同一组的渠道集中，便于管理。

（4）照顾农业生产和群众用水习惯。

注意：管道轮灌是一次灌水时间一定，在轮灌周期内分几组轮灌，轮灌分组为 Tc/t 组。而渠道轮灌是在一次灌水时间内，全灌区都灌完水，充分利用灌水周期，在 t 时间内，将总时间 t 分成几部分，按面积的比例分配轮灌时间，在一个轮灌组内，按面积比例分配流量。

6.3.4　渠道设计流量推算

1. 轮灌渠道设计流量推算

（1）特点：一般情况下，斗、农渠为轮灌渠道。

（2）目的：通过典型支渠及其以下各级流量的计算，求得支渠的渠系水利用系数，以便推广到全灌区。

（3）步骤：

1）选择轮灌制度。设同时工作的斗渠数为 n，同时工作的农渠数为 k，一条支渠下同时工作的农渠数为 $n \times k$。

2）确定各级渠道最大的工作长度。一般为该级渠道的进水口至最远一组轮灌组的平均位置处的长度。

3）确定支渠灌至田间的净流量。斗、农渠道的流量不是由本身的控制面积决定的，而是由支渠所控制的面积和轮灌制度所决定的。①由支渠自上而下向农渠分配净流量；②由农渠净流量自下而上加入输水损失，求出农、斗、支渠的毛流量。

具体方法如下：

$$Q_{支田净} = A_{支} q_{设} \tag{6-14}$$

则每条农渠的田间净流量：

$$Q_{农田净} = \frac{Q_{支田净}}{nk} \tag{6-15}$$

农渠净流量：

$$Q_{农净} = \frac{Q_{农田净}}{\eta_{田}} \tag{6-16}$$

4）算支渠以下各级渠道的设计流量。

a. 农渠毛流量：

$$Q_{农毛} = Q_{农净} + \frac{S_{农} L_{农}}{1000} \tag{6-17}$$

式中　$S_{农}$——农渠每公里的渗水量，L/(s・km)；

$L_{农}$——农渠的工作段长度，取农渠长的1/2，km。

斗渠净流量：

$$Q_{斗净} = kQ_{农毛}$$

b. 斗渠毛流量：

$$Q_{斗毛} = Q_{斗净} + \frac{S_{斗} L_{斗}}{1000} \tag{6-18}$$

式中　$L_{斗}$——斗渠的工作长度，km。

c. 支渠毛流量：

$$Q_{支净} = nQ_{斗毛} \tag{6-19}$$

$$Q_{支毛}=Q_{支净}+\frac{S_{支}\ L_{支}}{1000} \tag{6-20}$$

5）求该支渠的渠系水利用系数和灌溉水利用系数。

$$\eta_{支渠系}=\frac{Q_{农毛}\ nk}{Q_{支毛}} \tag{6-21}$$

$$\eta_{支灌溉}=\frac{Q_{支田净}}{Q_{支毛}} \tag{6-22}$$

此法具有典型意义，可推广到全灌区，利用该系数求得其他支渠的毛流量。

注意：当支渠以下，斗、农渠控制面积不等时要按面积比例把支渠以下的田间净流量分到各渠道，再从下往上逐级推算。

2. 推算续灌渠道干、支渠的流量

续灌渠道一般分段计算。

(1) 特点：干支渠续灌，断面要变化，各级渠道的输水时间和灌区灌水延续时间相同。

(2) 目的：通过各段损失计算，求得各段的毛流量。

(3) 步骤：

1）BC段毛流量

$$Q_{BC}=(Q_3+Q_4)+(1+\sigma_3 L_3) \tag{6-23}$$

2）AB段毛流量

$$Q_{AB}=(Q_2+Q_{BC})(1+\sigma_2 L_2) \tag{6-24}$$

3）OA段毛流量

$$Q_{OA}=(Q_1+Q_{AB})(1+\sigma_1 L_1) \tag{6-25}$$

例题：已知某灌区总面积为6万亩（包括沟、路、渠占地，不包括村屯占地），灌溉土地利用系数按0.8计，净灌溉面积4.8万亩。灌区有1条干渠，长5.7km，下设4条支渠，各支渠的长度和灌溉面积见表6-3。全灌区土壤、水文地质等自然条件和作物种植情况相近，第3支渠灌溉面积适中，可作为典型支渠。该支渠有6条斗渠，斗渠间距800m，长1800m。每条斗渠有10条农渠，农渠间距200m，长800m。干、支渠实行续灌，斗农渠实行轮灌。渠系布置及轮灌组划分情况见图6-1. 该灌区作物是水稻，设计灌水率为$q_{设}=0.7m^3/(s\cdot万亩)$。灌区土壤为中黏壤土。试推求干、支渠的设计流量。

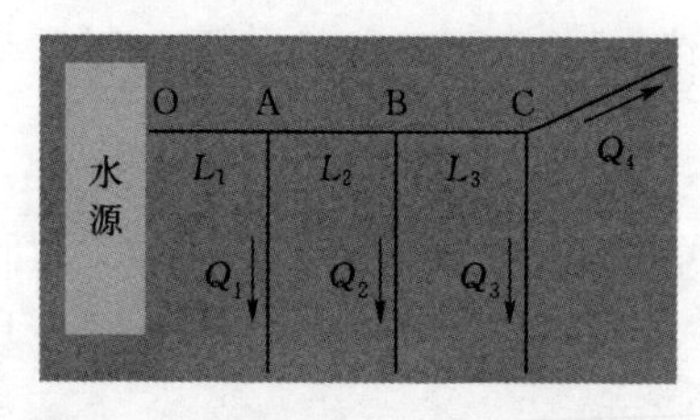

图6-1　续灌渠道干、支渠的流量推算示意图

表6-3　支渠长度及净灌溉面积

渠道	一支	二支	三支	四支	合计
长度/km	4.2	4.6	4.0	3.8	
灌溉面积/万亩	1.08	1.56	1.15	1.01	4.80

解：(1) 推求典型支渠（三支渠）及其所属斗、农渠的设计流量。

1) 计算农渠的设计流量。三支渠的田间净流量为

$$Q_{3支田净}=A_{3支}\times q_{设}=1.15\times 0.7=0.805\ (m^3/s)$$

斗、农渠实行轮灌，分两个轮灌组，同时工作的斗渠数是3，每条斗渠上同时工作的农渠数是5，农渠的田间净流量为

$$Q_{农田净}=\frac{Q_{支田净}}{nk}=\frac{0.805}{3\times 5}=0.0537\ (m^3/s)$$

设田间水利用系数为 $\eta_{田}=0.95$，则农渠的净流量为

$$Q_{农净}=\frac{Q_{农田净}}{\eta_{田}}=\frac{0.0537}{0.95}=0.0565\ (m^3/s)$$

已知灌区土壤为中黏壤土，查表得到相应的土壤透水性参数：$A=1.9$，$m=0.4$ 代入式（6-4）可计算农渠每公里输水损失：$\delta_{农}=\dfrac{A}{100Q^m{}_{农净}}=\dfrac{1.9}{100\times 0.0565^{0.4}}=0.06$。

农渠的最大工作长度取1/2农渠长度，即 $L_{农}=0.4km$，其设计流量（即毛流量）为

$$Q_{农设}=Q_{农净}(1+\delta_{农}L_{农})=0.0565(1+0.06\times 0.4)=0.0579(m^3/s)$$

也可通过查表6-2，近似求得农渠的设计流量。

$$Q_{农设}=Q_{农净}+S_{农}L_{农}/1000=0.0565+3.3\times 10^{-3}\times 0.4=0.0578(m^3/s)$$

2) 计算斗渠的设计流量。一条斗渠上同时工作的农渠数是5，即斗渠的净流量等于5条农渠设计流量之和，即

$$Q_{斗净}=5Q_{农设}=5\times 0.0579=0.290(m^3/s)$$

斗渠的平均工作长度：$L_{斗}=1.4km$。

斗渠每公里输水损失系数为

$$\delta_{斗}=\frac{A}{100\times Q^m{}_{斗净}}=\frac{1.9}{100\times 0.29^{0.4}}=0.0312$$

斗渠的设计流量为

$$Q_{斗设}=Q_{斗净}(1+\delta_{斗}L_{斗})=0.290\times(1+0.0312\times 1.4)=0.303(m^3/s)$$

也可通过查表6-2，近似求得斗渠的设计流量：

$$Q_{斗设}=Q_{斗净}+S_{斗}L_{斗}/1000=0.290+8.8\times 10^{-3}\times 1.4=0.302(m^3/s)$$

3) 计算典型支渠三支渠的设计流量。

支渠的平均工作长度 $L_{支}=3.2km$，斗渠分两个轮灌组，一条支渠上同时工作的斗渠是3条，所以支渠的净流量为3条斗渠设计流量之和，即

$$Q_{支净}=3Q_{斗设}=3\times 0.302=0.906\ (m^3/s)$$

支渠每千米输水损失系数为

$$\delta_{支}=\frac{A}{100Q^{m}_{支净}}=\frac{1.9}{100\times0.906^{0.4}}=0.0198$$

支渠的设计流量为

$$Q_{支设}=Q_{支净}(1+\delta_{支}L_{支})=0.909\times(1+0.0197\times3.2)=0.966(m^3/s)$$

也可通过查表6-2，近似求得支渠的设计流量：

$$Q_{支设}=Q_{支净}+S_{支}L_{支}/1000=0.909+18\times10^{-3}\times3.2=0.964\ (m^3/s)$$

(2) 计算三支渠的灌溉水利用系数。

$$\eta_{3支}=\frac{Q_{3支田净}}{Q_{3支设}}=\frac{0.805}{0.966}=0.833$$

(3) 计算一、二、四支渠的设计流量。

1) 计算一、二、四支渠的田间净流量。

$$Q_{1支田净}=A_{1支}\times q_{设}$$

$$Q_{2支田净}=A_{2支}\times q_{设}$$

$$Q_{4支田净}=A_{4支}\times q_{设}$$

2) 计算一、二、四支渠的设计流量。

$$Q_{1支设}=\frac{Q_{1支田净}}{\eta_{3支水}}$$

$$Q_{2支设}=\frac{Q_{2支田净}}{\eta_{3支水}}$$

$$Q_{4支设}=\frac{Q_{4支田净}}{\eta_{3支水}}$$

(4) 推求干渠各段的设计流量（略）。

6.3.5 渠道最小流量和加大流量的计算

1. 最小流量计算

以修正灌水率图的最小灌水模数作为设计渠道最小流量的依据，计算的方法与设计流量的方法相同。

把q_{min}代入公式，求得$Q_{支田净}=q_{min}A_{支}$。

根据典型支渠的灌溉水利用系数，推求各支渠的最小毛流量，进一步可推得各干渠的最小毛流量。

2. 加大流量计算

计算公式：

$$Q_J=JQ_d \tag{6-26}$$

$$Q_{加大}=JQ_{设} \tag{6-27}$$

直接在干、支渠设计流量基础上扩大一个系数即可。

6.3.6 渠道流量进位规定

为了在设计渠道时计算方便，渠道的设计流量要求具有适当的尾数。SL 482—2011

《灌溉与排水渠系建筑物设计规范》对渠道流量进位做了规定，见表6-4。

表6-4　　渠道流量进位规定　　单位：m^3/s

渠道流量范围	进位要求的尾数	渠道流量范围	进位要求的尾数
>50	1.0	<2	0.05
10～50	0.5	<1	0.01
2～10	0.1		

6.4 灌溉渠道纵横断面设计

各级渠道的设计流量计算出来后，就可以根据流量推求渠道的纵横断面，灌溉渠道的纵横断面设计是互为条件，互相联系的，不能分开，往往纵横断面设计交替进行，反复比较后，确定合理的方案。

合理的纵横断面除了满足输水、配水要求外，还应满足渠道稳定条件。包括纵向稳定和平面稳定。

纵向稳定：不冲不淤，或在一定时期内冲淤平衡。

平面稳定：边坡稳定，水流不左右摇摆。

6.4.1 渠道纵横断面设计原理

灌溉渠道一般为正坡明渠，在相邻两个分水口之间，忽略蒸发和渗漏损失，渠道内的流量是个常数，如果断面比降相同、结构相同、糙率相同，则过水断面、水深、流速也沿程不变，表明渠中水在重力作用下运动，沿流动方向的分量与阻力平衡，这种流态称为明渠均匀流，在建筑物附近影响一般范围很小，可在阻力局部水头损失中考虑。所以，渠道的设计原理就是采用明渠均匀流公式，即

$$V=C\sqrt{Ri} \tag{6-28}$$

式中　V——渠道平均流速，m/s；

C——谢才系数；

R——水力半径，m；

i——渠底比降。

谢才系数常用曼宁公式计算，即

$$C=\frac{1}{n}R^{\frac{1}{6}} \tag{6-29}$$

式中　n——渠床糙率系数。

$$Q=AC\sqrt{Ri} \tag{6-30}$$

式中　Q——渠道设计流量，m^3/s；

A——渠道过水断面面积，m^2。

6.4.2 梯形渠道横断面设计方法

渠道设计要求工程量小、投资少。

在 Q、i、n 不变情况下，如何使 A 最小，或者 A 一定时，使 Q 最大。也就是通过比较 Q、i、n、A 四者关系，利用明渠均匀流公式，求出水力最佳断面。一般情况下，在 Q、i、n 一定的情况下，当过水断面为圆形时，A 最小，所以半圆形断面是水利最佳断面，但是土渠很难修成半圆形，也是不稳定的，所以采用接近半圆形的梯形断面。

1. 渠道设计依据

根据明渠均匀流公式，应解决 i、n、m。

根据稳定要求：b/h。

根据不冲不淤要求：$v_{不冲}$、$v_{不淤}$。

(1) 渠底比降 i。在坡度均匀的渠段内，两端渠底高差和渠段长度的比值称为渠底比降。有关因素：流量、地形、土质、淤积等。通常情况下，i 越大、Q 越大、V 越大。一般随着设计流量的逐级减小，比降也越来越大。干、支、斗、农渠比降越来越大。

淤沙渠道干渠 $i=1/2000\sim1/5000$、平原干渠 $i<1/5000$。

注意：在明渠均匀流中，渠底比降 i 与水力坡度 j 一致。

除此以外，比降还应考虑地形坡度、土壤等因素。

在设计工作中，可考虑地面坡度和下级渠道的水位要求初选比降，计算过水断面和水力要素，并校核不冲、不淤流速，不满足再修改比降，重新计算。

(2) 糙渠床率系数。是反映渠床粗糙程度的技术参数。该值要选择合理，否则影响精度。

有关影响因素包括：土质；流量、含沙；养护施工。

n 值取得过大，计算的过水流量小于实际过流能力，断面过大、占地多。n 值取得过小，过流能力达不到设计流量。

一般情况下，考虑施工，养护情况，按流量划分为下面几个档次（灌渠土渠）：$Q>25m^3/s$，$n=0.02\sim0.025$；$Q=1\sim25m^3/s$，$n=0.0225\sim0.0275$；$Q<1m^3/s$，$n=0.025\sim0.03$。

(3) 渠道边坡系数 m。指渠道边坡倾斜程度的指标，其值是边坡在水平向投影长度与垂直向投影长度的比值。m 取值关系渠坡的稳定，大型渠道通过土工试验和稳定分析确定，中小型渠道根据经验选定。

有关影响因素：土质、水深、挖深等。太大占地多；太小不稳定。

土越黏，m 越小、水越浅、m 越小。

一般情况下：挖方渠道由渠内水深决定，填方渠道由流量决定。

当：挖深>5m、水深>3m 做稳定分析。

填方深>3m。

(4) 渠道段面的宽深比（$\alpha=b/h$）。渠道宽深比的选择要考虑如下因素：

在 Q、i、n 一定的情况下，渠道可修成窄深式，也可修成宽浅式，但它们的施工难度，工程量；断面稳定情况是不同的。

1) 工程量最小。水力最优断面：在 i、n 一定的情况下，通过设计流量所需要的最小断面。

水力最优宽深比：在水力最优断面情况下的宽深比，梯形渠道最优宽深比为式（6-31），这时，渠道的土方最小。

$$\alpha_0=2(\sqrt{1+m^2}-m) \tag{6-31}$$

优缺点：按水力最优断面设计渠道，土方最小工程量最小。当比较大型的渠道挖深大时，施工困难，受地下水位影响时，劳动率低，工程投资反而大。另外，也易冲刷。

使用条件：一般情况下，斗、农渠可采用水力最优断面，但要复核断面稳定情况。

2）断面稳定。当渠道过于窄深时，易冲刷，过于宽浅时，又淤积，也就是影响断面稳定，总有一个合适的宽深比 b/h，达到不冲不淤或冲淤平衡，一般情况下，采用渠道相对稳定的宽深比。

陕西省多沙河流：

$$\alpha=NQ^{\frac{1}{10}}-m \quad (Q<1.5\mathrm{m^3/s}) \tag{6-32}$$

苏联：

$$\alpha=NQ^{\frac{1}{4}}-m \quad (Q=1.5\sim50\mathrm{m^3/s})(\bar{N}=2.6\sim2.8) \tag{6-33}$$

美国：

$$\alpha=4-m$$

$$\alpha=3\theta^{0.25}-m=3\theta^{\frac{1}{4}}-m \tag{6-34}$$

这些公式只是地区经验公式，应用时只作参考。

3）有利通航：要求有一定的水面宽度和深度。在有通航要求的情况下，不按流量设计断面。

（5）渠道的不冲不淤流速。

$$V_{cd}<V_d<V_{cs} \tag{6-35}$$

1）V_{cs}（$V_{不冲}$）：渠床土粒将要移动而尚未移动时的水流速度。

a. 影响因素：土壤性质　黏土：$V_{不冲}$大

过水断面水力要素：R 大，$V_{不冲}$大

含沙量、衬砌：n 小、砂多，$V_{不冲}$大

b. 计算公式：

$$V_{cs}=kQ^{0.1}(\mathrm{m/s}) \tag{6-36}$$

式中　k——耐冲系数。

经验数据：壤土，$V_{cs}=0.6\sim1.0\mathrm{m/s}$；黏土，$V_{cs}=0.75\sim0.95\mathrm{m/s}$。

2）V_{cd}：泥沙将要沉积而尚未沉积的渠道水流速。

a. 有关因素：断面水力要素、含沙情况。

b. 计算公式：

$$V_{cd}=C_0Q^{0.5} \tag{6-37}$$

式中　C_0——不淤系数，与 Q、b/h 有关。

c. 经验数据：$V_{cd}\geqslant0.3\sim0.4\mathrm{m/s}$。

3）冲淤平衡：允许渠道既有冲刷，又有淤积，但是在一定时间内（一年）渠道仍能保持断面稳定平衡状态。

冲淤平衡渠道适用于含沙量大的渠底水力计算中。

2. 渠道水力计算

渠道水力计算的任务：求 h、b。

（1）一般断面的水力计算。

1）假设 b、h 值，选整数 b 值，选 α 后，$h=b/a$，计算得 h。

2）计算过水断面的水力要素：

$$A=(b+mh)h \tag{6-38}$$

$$R=\frac{A}{P} \tag{6-39}$$

3）计算渠道流量：

$$\left.\begin{aligned}Q&=AC\sqrt{Ri}\\C&=\frac{1}{n}R^{\frac{1}{6}}\end{aligned}\right\} \tag{6-40}$$

4）校核渠道输水能力。

计算的 Q 值与假设的 b、h 对应，当计算的 $Q=Q_{设}$ 时，假设的 b、h 才是所要求的。一般：

$$\frac{Q_{设}-Q_{计算}}{Q_{设}}\leqslant 0.05 \tag{6-41}$$

5）$V_{校核}$ 满足不冲不淤。试算比较麻烦，实际工作中，编出小程序，减少了试算过程，比较简单。

（2）水力最优梯形断面的水力计算。

1）计算渠道的设计水深：

$$h_d=1.189\left[\frac{nQ}{(2\sqrt{1+m^2}-m)\sqrt{i}}\right]^{\frac{3}{8}} \tag{6-42}$$

2）计算渠道设计底宽：

$$b_d=\alpha_0 h_d \tag{6-43}$$

3）校核流速：

$$\alpha_0=2(\sqrt{1+m^2}-m) \tag{6-44}$$

$V=Q/A$，如果 $V>V_{不冲}$ 说明不满足要求，不能采用水力最优断面，如果满足，还要考虑施工、地下水是否顶托，最后决定要否采用水力最优断面。

（3）多沙河流冲淤平衡的水力计算。对于从多沙河流取水的渠道，设计情况就不能满足不冲不淤条件，一般是夏季含沙量大，冬季含沙量小，所以夏季允许 $V_{不淤}>V_{不淤(冬季)}$，如果以夏季为标准，到了冬季，就会引起冲刷，同样，以冬季为标准，夏季会淤积，要解决这个矛盾，就要使夏季的淤积量与冬季的冲刷量相等，或在一年内冲淤平衡。目前是在探索阶段（理论方面），在实践中，总结了经验公式如下：

$$V_0=0.546h^{0.64} \tag{6-45}$$

式中　V_0——临界流速，m/s，稳定渠道断面的平均流速；

　　h——渠道水深，m。

把该公式推广到其他地区，乘以泥沙粒径变化系数 M，$M=V/V_0$，则 $V=0.546Mh_0^{0.64}$（经验公式），M 在渠首段取 1.1，渠尾段 0.85。

3. 渠道过水断面以上部分的有关尺寸

（1）渠道加大水深。渠道通过加大流量时的水深称为加大水深。计算原理和求正常水深相同，但是在 b 已知的情况下，一般也是试算或查诺模图求得。

$$\left.\begin{aligned}Q&=AC\sqrt{Ri}\\A&=(b+mh)h\\C&=\frac{1}{n}R^{\frac{1}{6}}\end{aligned}\right\}\tag{6-46}$$

如果采用水力最优断面，可直接计算：

$$h_j=1.189\left[\frac{nQ_i}{(2\sqrt{1+m^2}-m)\sqrt{i}}\right]^{\frac{3}{8}}\tag{6-47}$$

（2）安全超高。为了防止风浪引起渠水漫溢，挖方渠道渠岸和填高渠道堤顶要高于加大水位。

$$\Delta h=\frac{1}{4}h_j+0.2\tag{6-48}$$

$$D=h_j+0.3\tag{6-49}$$

（3）堤顶宽度。如果与道路结合，要按 JTG B01—2014《公路工程技术标准》执行。

6.4.3 渠道横断面结构

灌溉渠道的横断面一般分为三种：①挖方渠道：设计水位线低于地面，而不宜采用隧洞；②填方渠道：渠道过低地带或坡度很小地带，渠底高于地面；③半填半挖渠道：介于二者之间，比较好的断面。

1. 挖方渠道

（1）选择合理的边坡系数 m。

（2）大型渠道每隔 3～5m 高设一平台，平台宽 1～2m，并修排水沟。如结合道路，按道宽确定平台宽度，边坡系数 m 应按稳定计算确定。

（3）注意施工质量。$m_1>m_2$。

2. 填方渠道

（1）堤顶宽：干、支渠 1～3m（$h_j+0.3m$）。

（2）超高：

$$\Delta h=\frac{1}{4}h_j+0.2\tag{6-50}$$

（3）边坡 m：大型渠道要通过稳定计算确定。

（4）沉降按 10%考虑。

（5）填方高大于 5m，同时大于 $2h_{设}$，可在堤身设褥垫式或沟槽式排水沟（土坝设计）。

3. 半填半挖渠道

（1）挖方 m_1、填方 m_2。

（2）考虑沉陷影响 10%损耗。

（3）$B\geqslant(5\sim10)h-x$

$$x=(b+mx)x=(1.1\sim1.3)\left(d+\frac{m_1+m_2}{2}\alpha\right)\times2\alpha \tag{6-51}$$

(4) 尽量按填挖相等时挖方 x 计算。

土质越黏，系数越大（沉陷量越大）。

(5) $d=1\sim3\text{m}$。

6.4.4 渠道的纵断面设计

灌溉渠道满足两方面要求：①输送设计流量——横断；②满足水位控制——纵断。

纵断面设计任务：根据灌溉水位要求确定渠道的空间位置，先确定不同桩号的设计水位，再确定渠底、堤顶、最小水位等。

1. 灌溉渠道的水位推算

为了满足自流灌溉的要求，各级渠道入口处都应具有足够的水位，这个水位是根据面积控制点高程加上各种水头损失，自下而上逐级推算来的，水位公式如下：

$$H_{进}=A_0+\Delta h+\sum L_i+\sum\psi \tag{6-52}$$

式中 $H_{进}$——渠道、进水口处的设计水位，m；

A_0——地面参考点高程，如 $I>i_{地}$，进口附近难控制；$I<i_{地}$，尾端难控制；

Δh——控制点地面与附近末级固定渠道水位高差。0.1～0.2m；

L——渠道长度，m；

i——渠道下降；

ψ——局部水头损失，m。

一般情况下，可推求各支渠分水口要求的水位（斗、农渠按标准半填、半挖断面设计）。

(1) 求各支渠分水口要求的水位

$$B_{分}=A_0+\Delta h+\sum L_i+\sum\psi \tag{6-53}$$

每支渠选3～5个参考点，得 $H(1)$、$H(2)$、$H(3)$、$H(4)$ 各支渠要求的水位。

(2) 绘制干渠水面线。尽量使各支渠水位满足要求，各点均在干渠水面线之下，底坡尽量接近地面坡降或适当比降。

(3) 由干渠水面线，向下推支渠水面线。按已选定的支渠比降，求得支渠面线，并考虑水位衔接。

(4) 斗、农渠水面线推求。

2. 灌溉渠道纵断面的水位衔接

处理渠道与建筑物、上下级渠道、上下段渠道之间的关系。

(1) 断面变化时，渠段的水位衔接。①改变宽深比，下游底宽；②改变上游渠底高程；③上下游反坡坡降0.15～0.20。

由于沿途分水，流量逐渐变小，为了保持水面线平顺，采用改变过水断面的方法。水位一致，渠底变化。根据水源水位可抬高上游水位。

(2) 渠道遇到特殊地形时（或建筑物），水位衔接。当遇局部陡坡，可布置或跌水、陡坡形式，水面线变化了 ΔH。

（3）上下级渠道水位衔接与节制闸。一是以设计水位为标准，下上级渠道按设计流量设计，确定渠底后，上下级渠道均通过最小流量时，上游水位不能满足下级要求，所以，上级渠道要建节制闸，一般干渠节制闸控制一个支渠，而支渠节制闸控制多个斗渠。斗渠按设计流量设计，当支渠通过流量小于设计流量时，水位不能满足斗渠要求，所以应建支渠节制闸，水平延伸至支渠设计水面线。二是以最小水位配合标准，抬高上级渠道的最小水位，使上下级之间的最小水位差等于水闸的水头损失，来确定上级渠道的渠底高程和设计水位。

3. 渠道纵断面图的绘制

（1）内容：

1）地面高程线。

2）设计水面线。

3）渠底高程线。

4）最低水位线。

5）堤顶高程线。

6）分水口位置。

7）渠系建筑物位置。

8）水头损失。

9）渠底比降。

（2）步骤：

1）地面高程线：根据平面布置图测得的纵断点和测得的桩号高程点，按不同桩号绘制出地面高程线。

2）地面高程线：在方格纸上建立直角坐标系，横坐标表示桩号，纵坐标表示高程。根据渠道中心线水准测量成果，按一定比例点绘出地面高程线。

3）标分水口和建筑物位置：在地面高程线上方，用不同符号标出各分水口和建筑物的位置。

4）绘渠道设计水面线：根据水源水位、地面坡度、分水点要求、建筑物损失求得设计水面线，该水面线的比降 J 与地面坡度 I 相差较少，且取整数，干支渠可逐渐变大，斗农渠一个比降不变。

5）绘渠底高程线：根据水面比降，确定渠底比降 $i=J$，以渠道设计水深为间距，绘设计水面线的平行线，在变断面处，要考虑渠底尽量不出现倒坎现象或较小。

6）绘最小水面线（干、支渠）：在横断面设计的基础上（b 已定），以渠道最小水深为间距，画渠底线的平行线。

7）绘堤顶高程线，从渠底线向上，以加大水深、安全超高和间距，作渠底线的平行线，此即渠道的堤顶线。

8）标桩号、高程标准：在图下方绘一表格，标高程，水源的桩号。

9）标比降。

10）土方计算。

6.5 渠道防渗

6.5.1 渠道防渗的意义

渠道渗水和漏水损失占渠系水量损失的绝大部分，一般占引入水量的30%～50%，有的灌区达60%～70%，导致如下后果：①降低渠系水利用系数；②减少了灌溉面积；③浪费了水资源；④引起地下水位上升、盐碱化。

所以，应加强渠道防渗工作，提高灌区管理水平。

渠道防渗的作用：

(1) 减少渗漏损失，节约水用量，更好利用水资源。

(2) 提高抗冲能力，防坍塌，增加稳定性。

(3) 减少糙率系数，加大流速，提高输水能力。

(4) 减少对地下水补给，有利于控制地下水位和防治盐渍化。

(5) 防止渠道长草，减少泥沙淤积，节省维修费用。

(6) 降低灌溉成本，提高灌溉效益。

6.5.2 渠道防渗衬砌措施简介

(1) 土料：土料夯实、黏土护面、灰土护面、三合土。

(2) 砌石：块石干浆砌、卵石干浆砌。

(3) 砌砖。

(4) 混凝土：预制、现浇。

(5) 沥青材料：沥青混凝土、沥青薄膜、沥青席。

(6) 塑料薄膜。

1. 土料防渗

(1) 土料夯实：用人工夯实和机械碾压方法增加土壤的密度，在渠底表面建立透水性很小的防渗层。

优点：投资少，施工简便，厚度达30～40cm，能减少70%～80%的渗漏。

缺点：原状土易干裂，易受冻融影响，冲刷破坏。

应用：一般为小型渠道，$v<0.5$m/s。

(2) 黏土护面：在渠床表面铺设一层黏土防渗。

优点：就地取材，施工方便，投资少，防渗效果好。厚度为5～10cm时，能减少70%～80%的渗漏；厚度为10～15cm时，能减少90%以上的渗漏。

缺点：抗冲性差，易生杂草，易干裂，$v<0.7$。

(3) 灰土护面。石灰、黏土或黄土的拌和料夯实而成的防渗层。

石灰∶土=1∶3～1∶9。

优点：抗冲能力强，防渗效果好。厚度为40cm时，能减少99%的渗漏。

缺点：抗冻性能差。

(4) 三合土护面：石灰、砂、黏土拌和夯实而成的防渗措施。

石灰∶砂∶黏土=1∶1∶3～1∶1∶6。

优点：同灰土相近，厚度为10～20cm，比灰土省。

缺点：同灰土。

适用：南方各省。

2. 砌石防渗

(1) 块石衬砌防渗。长40～50cm，宽30～40cm，厚8～10cm。分干砌、浆砌两种。

干砌：护坡式（工程量少，投资少，应用普遍）。

浆砌：护坡式、重力墙式（傍山渠段、耐久、稳定、不易受冰冻破坏）。

(2) 卵石衬砌防渗。应用在新疆、甘肃、四川、青海等卵石丰富地区。优缺点同块石。

3. 砖砌防渗

优点：造价低、取材方便、施工简单、防渗效果好。

缺点：普遍砖抗冻性差、受冻剥蚀。

4. 混凝土衬砌防渗

优点：效果好、n小、不生杂草、经久耐用。

缺点：投资较高。

结构：板式，预制（小型板）、现浇（大型板）。槽式，现场浇筑。

应用：大小型渠道有无冻胀区，各种情况均可。

5. 沥青材料

(1) 沥青混凝土：沥青、砂、碎石加热拌和压实而成。

优点：稳定性好、耐久、防渗、护面薄，中小型（4～6cm），大型（10～15cm）。

缺点：需设垫层；地下水位高时设排水垫层，防热表面加保护土层。

(2) 埋藏式沥青薄膜。200℃热沥青喷2遍，厚4～5mm，上设10～50cm，素土保护。

(3) 沥青席：玻璃丝布、石棉毡、苇席、麻布等涂沥青制成卷材，铺设时搭接。

6. 塑料薄膜防渗

优点：重量轻、运输方便、施工简单、造价低、耐腐蚀、防渗效果好。

缺点：寒冷地区保护层加厚。

（水泥土防渗等略）

6.5.3 渠道衬砌冻胀破坏的防治

在季节性冻土地区，细粒土壤中因水分结冻、膨胀、地面隆起、衬砌束缚土体、冻涨变形而产生的巨大推力，称为冻胀力。冻胀力分法向、切向两个方向。

一般含水多、冻深大的土壤，冻胀力也大，所以，地面以下渠道的冻胀力背阳面大于顶和阳面。防冻胀措施有下面几种：

1. 减轻土壤冻胀力的措施

(1) 减少渠床土壤水分，使地下水影响不到地区。

(2) 置换渠床土壤，砂砾石黏土，大于深度60%。

(3) 冬季渠道不输水，设退水渠。

2. 增强衬砌结构适应冻涨变形的措施

(1) 预制混凝土比现浇适应，增加厚度。

(2) U形槽整体性好。

(3) 柔性膜适应冻胀变形。

6.5.4 衬砌渠道的横断面设计

(1) 边坡系数 m 可分刚性断面和柔性断面，具体数值可以参考相关标准或技术手册。两种。

(2) n 糙率：比土渠小。

(3) 超高、堤顶超高与一般土渠相同，堤铺式膜料可不设超高。

(4) $V_{不冲、不於}$：比正常土渠要大。

(5) 断面形式。

(6) 伸缩缝间距及填缝止水。

6.5.5 埋铺式膜料防渗体构造

(1) 水泥素土、土或混凝土、石料、砂砾石保护层。

(2) 过渡层。

(3) 膜料防渗层。

(4) 过渡层（土渠基不设此层）。

(5) 土渠基或岩石、砂砾石渠基。

土工膜包括以下几种

(1) 直喷式：沥青、氯丁橡胶混合。

(2) 塑料薄膜。

(3) 土工织物涂沥青，塑料膜及聚膜编织布加强。

(4) 复合型：土工织物加1、2种土工膜复合而成的不透水材料。

第7章　灌溉水源和取水方式

7.1　灌　溉　水　源

灌溉水源指天然资源中可用于灌溉的水体，有地面水和地下水两种形式，其中地面水是主要形式。地面水指河川、湖泊径流，以及拦蓄的地面径流。地下水指潜水和层间水。

另外，城市污水、海水淡化也可用于灌溉。

7.1.1　灌溉水源的水量及其特点

1. 水量

我国河川径流多年平均总量2.6万亿m^3，地下水补给量7718亿m^3，总量2.7万亿m^3，占世界第6位，但每亩耕地占有水1760m^3，相当于世界平均值的一半，人均占有量2600m^3，不足人均的1/4，所以我国水资源量并不十分丰富。

2. 水量分布特点

我国灌溉所需的水量在时间上分布不均，年内径流50%～70%集中在6—9月，其他时间水量不足。年际变化也很剧烈，时常出现枯水年组和丰水年组。另外，我国的水资源在地区上分布也不均匀，南方水多，北方水少，南方耕地较北方少，从小范围上看，也存在着水资源和土地资源分布的不平衡现象。

开发利用水资源，就是要针对水资源的数量和分布情况，研究地面水年径流量及年内分布、年际变化。对于地下水来说，主要是分析储量及补给来源、埋藏深度、可能出水量、开采条件等。

7.1.2　地下水资源的类型及特点

1. 地下水的主要类型

埋藏在地面以下的地层（砂、砾石、砂砾土及岩石孔隙、裂隙、孔洞等空隙）中的重力水，一般称为地下水。

含水层：蓄积地下水的上述土层和岩层。

不透水层：由黏性土层和整块岩石构成的岩层或土层，地下水不容易通过，这种岩土层中叫不透水层。

不透水层和含水层都不是绝对的，而是相对的概念，如果两层的渗透系数之比大于50，另一层可视为不透水层。

（1）孔隙水：存在于松散岩土层孔隙中的地下水称为孔隙水。根据埋藏条件，可分为潜水和层间水。

1）潜水：地表以下，第一个稳定隔水层以上的含水层中的地下水，又称浅层地下水。

特点：具有自由水面，分布区补给区基本一致。

补给源：大气降水，附近地面水等。

2）层间水：埋藏在两个隔水层之间的水称为层间水。又分为无压层间水和有压层间水。

无压层间水：在两个隔水层之间的含水层内，如重力水未完全充满，地下水仍具有与潜水相同的自由水面。

有压层间水：含水层内完全充满水，并在压力水头作用下，上下隔水层都承受压力的层间水。

特点：分布区、补给区不一致。

补给源：承压水露出地面的地方。

3）孔隙水分布：山前平原冲洪积扇和平原区。

（2）裂隙水和溶洞水。

1）裂隙水。要了解裂隙水，首先要了解什么是裂隙及裂隙分布情况。裂隙是指基岩由于风化作用、构造作用或成岩作用形成的纵横交错的缝隙。裂隙水是指储存和运动在基岩裂隙中的地下水，包括潜水、承压水。裂隙水与孔隙水的区别在于含水层的性质不一致。

2）溶洞水。溶洞水埋藏在石灰岩、白云岩等可溶性岩层被溶蚀的宽大的裂隙和体积不等的洞穴中的地下水。包括潜水、承压水。

3）裂隙水和溶洞水补给源：大气降水。

4）裂隙水和溶洞水分布：山区基岩裸露地区。

（3）泉水。在山区、丘陵区及黄土垅边的沟谷处，常见有地下水的天然露头，分为上升泉、下降泉。

1）上升泉：排泄承压水的水流具有一定压力，能自动喷出者为上升泉。

2）下降泉：排泄潜水的叫下降泉。

3）泉水的形成：含水层或含水的地下溶洞、裂隙被切割，在适宜的地质条件下形成的。

2. 地下水资源的特点

供农业开发利用的水资源可分为两部分：一部分是可以补给的资源；另一部分是原来储存在含水层中的。前者是在开采过程中地下含水层受到的垂直、水平方向的补给量；后者是指开发前储存在含水层中的水量。

（1）浅层地下水（潜水、潜一半承压水）资源。

1）潜水补给。

a. 降雨入渗：

$$P_r = u\Delta h \tag{7-1}$$

式中　P_r——降雨入渗补给量；

u——土壤的补给水度；

Δh——由于降雨入渗引起地下水位上升值。

b. 渠道河流及灌溉水对潜水的补给。一般按渗漏损失量计算。

c. 越层补给：与潜水相邻的承压含水层压力水位高于潜水位地区，承压水可通过潜、承之间的隔层越层补给。

$$\varepsilon = K'\Delta h / m' \quad (7-2)$$

式中 ε——补给强度；

K'——渗透系数；

Δh——含水层之间的水位差；

m'——弱透水层厚度。

d. 侧向补给：开采区外的地下水补给。

2）潜水排泄。

a. 蒸发：

$$E_g = u\Delta h \quad (7-3)$$

b. 河流侧向：当河流水位低时，潜水侧向排泄到河川中去。

3）潜水可开采量计算。单位面积上可开采的潜水储量。(仅可动用一次)

$$W = u\Delta s_1 \quad (7-4)$$

$$u = \theta_s - \theta_f$$

式中 W——可开采量；

Δs_1——开采前后水位差；

u——给水度，单位面积含水层中潜水下降一个单位深度，含水层疏干而释放的水量。

在开发利用潜水资源时，一般要计算地下水年可开采量，计算的是动储量，而不是上述的静储量。静储量用了以后不再生，而动储量是潜水通过降雨入渗和河川径流侧向补给的量。动储量如何计算是水文地质要解决的问题。

(2) 深层的地下水资源。

1）补给。包括以下几个方面：

a. 相邻弱透水层产生的弹性释水。

b. 相邻含水层越层补给。

c. 露出地表的侧向补给（降雨河川）。

2）排泄：侧向河川。

3）开采量计算：压力水位下降，含水层中水体膨胀而释放；压力水位降低，土壤骨架压缩，孔隙减小而释放。

总弹性储量为

$$W = u_s s_1 \quad (7-5)$$

式中 u_s——弹性释水系数。

$$u_e = \gamma_m \beta_s + n\gamma m \beta_w = \gamma_m(\beta_s + \beta_w) \quad (7-6)$$

式中 γ_m——水容重；

m——含水层厚度；

n——孔隙率；

u_e——一般为 $5\times10^{-5}\sim6.5\times10^{-4}$。

3. 潜水和承压水开发利用的优缺点

潜水优点：补给源丰实，开采后易恢复；埋深小，水井工程投资小，运行费用低；给水度大，水位降深小，消耗能源少。缺点：不能产生自流井。

承压水优点：能在开采初期具有较高水位，甚至形成自压井。缺点：与潜水的优点相反。

7.1.3 灌溉水源的水质及污染防治

1. 灌溉水源的水质及其要求

灌溉水源的水质要求指水的化学、物理性状，水中含有物的成分及含量，应符合作物生长发育的要求。

(1) 水温：水温对农作物影响很大。适宜的灌溉温度是15～20℃（麦类），水稻生长的适宜温度不低于20℃，太高降低水中氧气含量，太低对作物生长起抑制作用。

地面水一般能满足要求，地下水和水库底层水温度偏低，应采取措施提高温度。

如延长输水线路、迂回灌溉、分层取水等。

(2) 水中含沙量：允许含沙粒径0.005～0.01mm，粒径小的沙具有一定的肥分，对作物生长有利。但过量输入会影响土壤通气性，粒径大的不宜入渠。

0.005～0.01mm　适宜

0.05～0.1mm　少量

＞0.1mm　不宜

(3) 矿化度：水中含盐量不允许超过一定浓度，太高形成凋萎现象，一般小于2g/L。排水条件好可适当提高，否则降低。一般情况下，钙盐影响不大，钠盐严格限制含量。

(4) 有毒物质：汞、铅、砷、氯等严格限制含量。

(5) 有机物：限制含量，防止水中氧气减少。

灌溉水源的水质应符合国家颁布的标准，否则，应采取相应措施改变水中含有物的数量，改善水的温度，以适应灌溉的要求。

2. 灌溉水源的污染及防治

灌溉水源的污染，指人类生产、生活活动向水体排入污染物的数量，超过了水体的自净能力，从而改变了水体物理、化学或生物学的性质和组成，使水质发生恶化，以至不适于灌溉农田。

(1) 灌溉水源的污染：

1) 工业废水。

2) 城镇污水（非工业部门）。

3) 农药、化肥。

4) 废渣、废气间接进入灌溉水体。

(2) 污染防治：

1) 控制污染源：回收处理，改变流程。

2) 限制有明显副作用的化肥用量。在农水规划设计中，环境评价部分包括这一项。

3) 加强监测管理。

4）合理进行污水灌溉。处理后灌溉农田减少排入江河的有害污水量。

7.1.4 扩大灌溉水源的措施

灌溉用水占国民经济用水的80%左右，而水资源是有限的，所以利用各种可以利用的水源，减少废弃，提高利用程度，是十分重要的。简单来说，就是“开源”和“节流”。

1. 开源

（1）尽量利用可以利用的水源。咸水灌溉，肥水、污水、浑水处理后灌溉。

（2）兴建蓄水设施，充分利用水资源。利用蓄水工程，把丰水年、丰水期的水蓄积起来，满足枯水年、枯水期的需要，我国目前仅能利用河川径流的17.5%，尚有大部分无法人为控制。

（3）实行区域之间水量调剂，解决水土资源分布的不协调。对于贫水地区，要考虑另辟水源的问题。

（4）地下水、地面水联合利用。当地面水资源不足时，要考虑利用地下水资源，各省（自治区）已开发了许多灌区。修地下水库也是联合运用的工程措施。

2. 节流

（1）利用现有的水利工程，提高灌溉水的利用效率。

（2）研究节水灌溉方法和技术，提高水的利用率。增加灌溉面积。

7.2 灌溉取水方式

灌溉取水方式见图7－1。

- 地面取水
  - 无坝引水
  - 有坝引水
  - 蓄水取水
  - 提水取水
- 地下取水
  - 垂直取水
  - 水平采水
  - 双向取水

图7－1 灌溉取水方式

7.2.1 地表取水方式

1. 无坝引水

（1）使用条件：河流水位、流量均能满足灌区用水要求。

（2）取水口位置：河流凹岸偏下游，凸岸中点偏上游，以利防沙和增加引水。

（3）引水流量：$\theta_{引} \leqslant 30\% \theta_{河}$。

（4）渠首组成：设闸——进水闸、冲沙闸、导流堤；不设闸——在进水口不远处建排洪堤。

2. 有坝（低坝）引水

（1）适用条件：河流水量丰富，但水位较低，不能满足自流灌溉引水高程的需要，相差不是很大时，可建坝壅水，抬高水位。

（2）取水口位置：距灌区较近，地质条件较好的河岸上。

（3）引水流量：$\theta_{引} \leqslant \theta_{河}$。

（4）渠首组成：拦河坝（闸）、进水闸、冲沙闸、防洪堤。与无坝引水比较，水位的抬高可缩短干渠长度。

1）拦河坝：拦截了河道、抬高水位，汛期坝顶溢流。坝宽应有足够数值，为了使坝宽减少，可相应增大坝高，降低堰顶高程上设闸门拦水。

2）进水闸：灌渠首端引水建筑物，侧面、正面两种。

3）冲沙闸：底高程低于进水闸，保证冲沙效果。

4）防洪堤：保护水位壅高后淹没范围减少。

3. 抽水取水

（1）适用条件：河流水量丰富，但水位较低，其他自流取水不经济时，可建站提水。

（2）位置：最接近灌区处，地质条件较好。

（3）抽水流量：$Q_{提}<Q_{河}\times 30\%=Q_{灌加大}$。

（4）枢纽：抽水站。

关键：选好站址，不一定紧靠河岸，可设一段引渠。

4. 水库取水

（1）适用条件：河中水位、流量均不能满足灌区要求，需建水库进行径流调节。

（2）位置：经勘察选地质条件好，工程投资小的坝址。

（3）水库枢纽：大坝、溢洪道、输水洞等。

7.2.2　地下取水建筑物

由于不同地质、地貌和水文地质条件不同，地下水开采方式分为垂直、水平、双向三大类。

1. 垂直取水建筑物（管井和筒井）

（1）管井：水井结构由一系列管组成，故称为管井又称为机井。

1）适用条件：既可开采承压水，又可开采潜水。

2）形式：完整井——管井穿透整个含水层；非完整井——穿透部分含水层。

3）井径及井深：井深 $H=60$m 以内、$\phi=400\sim1000$mm；$H=60\sim150$m、$\phi=300\sim400$mm；$H>150$m、$\phi=200\sim300$mm。

4）井的结构：井台（表）；井壁管（实管）——上部、隔水层部；滤水管（花管）——进水管、含水层；沉淀管（实 4～8m）——下部沉淀泥沙；填料——滤水阻沙、隔水层部用黏土止水，含水层部用砂砾石。

（2）筒井：大口径的取水井，由于直径较大，形似圆筒而得名，又称大口井。

1）适用条件：开采浅层地下水，含水层距地面较浅，厚度较大的地质条件。

2）形式：非完整井、完整井。

3）井径深：$\phi=1\sim2$m，也有较大者。$H=6\sim20$m，也有达 30m 者。

4）结构：井台——地面上、保护井身，安放提水机械。井筒——含水层以上部分，连井台、进水。进水部分——多孔的砖石、混凝土结构。

2. 水平采水工程

分为坎儿井、卧管井、地下截潜工程。

（1）坎儿井：由地下廊道和立井组成。

1）适用条件：截取地下潜流，适用于冲洪积扇，漂砾卵石地带（新疆）。

2）结构：地下廊道出口处与地面平向上游开挖逐渐低于地下水位，$i<i_{水力}=1\%$—

8%断面为矩形，木料、块石结构；立井间距15～30m，上稀下密，出口通风作用。

(2) 卧管井：埋设在地下水较低水位以下的水平集水管道，集水管道与提水竖井相通，集水管长100m左右，间距300～400m。

(3) 截潜工程：地下拦河坝。

1) 适用条件：山麓地区，河床严重渗漏地区，平时河中水量少，大部分渗到河床砂砾石中。

2) 结构形势：地下截水墙或挡水坝，混凝土结构、黏土、塑料等。

3. 双向取水建筑物

辐射井：在大口井动水位以下，穿透井壁，按径向沿四周含水层设水平集水管道，扩大井的进水面积，由于水平集水管呈辐射状，因而称为辐射井。

(1) 适用条件：浅层地下水，含水层较薄，水性较差。

(2) 结构形式：集水井 $\phi=3$m，辐射管3～8个。

7.3 引水灌溉工程的水利计算

水利计算的目的是确定水利工程的规模和参数，通过水利计算工作，可以揭示来水、用水矛盾，并采取相应措施解决矛盾。

水利计算（灌溉工程）包括：蓄水工程水利计算（水文水利计算课程）、提水工程水利计算、引水工程水利计算（农水课程）。

除灌溉工程水利计算，水利计算还包括：①防洪工程水利计算；②治涝工程计算；③城镇供水计算；④水电站计算；⑤跨流域调水计算等。

本节主要介绍引水灌溉工程的水利计算。

7.3.1 灌溉设计标准

1. 灌溉设计保证率

灌区用水量在多年期间能够得到充分满足的概率。一般以正常供水的年数或供水不被破坏的年数占总年数的百分数表示。如果该年缺水量少于全年需水量的5%，也认为是满足供水的年份。

$$P=\frac{m}{n+1}\times 100\% \qquad (7-7)$$

2. 抗旱天数

灌溉措施在无降雨的情况下能满足作物蓄水要求的天数。单稻30～50d，双稻50～70d。

7.3.2 无坝引水工程的水利计算

1. 计算任务和内容

(1) 已知天然来水 $Q \sim t$ 及灌溉设计保证率 P，求 A 及 S。

(2) 已知A、P、$Q\sim t$求S。

(3) 已知：B、$Q\sim t$、P求A。

一般情况下，都是已知$Q\sim t$、P、$A_{灌}$求S。包括$Q_{引}$、$Z_{前}$、$Z_{后}$、B。

2. 设计引水流量的确定

包括长系列法（大中型工程）和代表年法（中小型工程）。

(1) 长系列法（只考虑用水的情况）。

1) 求灌区历年灌水过程线：

$$Q_{用}=qA/\eta_{水}(不考虑加大) \tag{7-8}$$

式中　q——各时段（月旬）的灌水率；

A——灌区灌溉水利用系数，得$Q_{用}\sim t$多年系列。

2) 选灌溉引水紧张时期，灌水延续时间大于20d的最大灌溉引水流量进行频率分析，（一年取一个）绘制频率曲线。

3) 选$P=P_{设}$时曲线上的Q值即为$Q_{引设}$。

长系列法的特点，先计算流量系列，再频率分析。

适用条件：河流来水满足用水要求，在设计保证率情况下，河流各月、旬来水的30%均满足用水要求，如不满足，需调整灌溉面积。

(2) 代表年法。

1) 选设计代表年：用水（灌溉定额）进行频率分析，或生育期降雨进行频率分析（采用较多）选2～3个典型年。

2) 求设计代表年的灌溉用水过程$Q_{用}\sim t$（2～3个）一般最后取一个。

3) 取设计典型年的最大引水流量为设计流量。

适用条件：设计典型年的来水的30%均满足各时段用水要求，如不满足，需调整灌溉面积。

3. 闸前设计水位的确定

(1) 原则：规定闸前设计水位由河边引走流量后剩余的流量所决定。

(2) 计算方法：

1) 首先计算外河设计水位X。

a. 大江大河取灌溉临界期最低月、旬平均水位进行频率分析，$P=P_{设}$的水位为X_1，对于大江大河，枯水位稳定时可取历年灌溉临界期最低水位，算术平均为X_1（因大江大河每年变化不是十分明显）。

b. 中小河流取灌溉临界期的流量，进行频率分析，求$P_{设}$对应的Q_1。

2) 由该断面的水位的流量关系曲线查得Q_1。

3) 计算$Q_2=Q_1-Q_{引}$。

4) 由Q_2查该断面的$X\sim Q$曲线得X_2。

5) 计算水面降落：

$$Z=\frac{3}{2}\times\frac{K}{1-K}\times\frac{V_2^2}{2g} \tag{7-9}$$

$$K=\frac{Q_{引}}{Q_1} \tag{7-10}$$

$$V_2=\frac{Q_2}{A_2} \tag{7-11}$$

Z 值中小河流可取 0.03m，大江大河不计。

6）$Z_{前}=X_2-Z$。

4. 闸后设计水位的确定

闸后 $Z_{后}=Z_{前}-\Delta Z$（0.2），$Z_{后}=$自流灌溉引水高程需要。二者相差很小，否则应调整引水口位置。

5. 进水闸闸孔尺寸的确定及校核

底板高程 $Z_{堰}$和净宽 B：B 越大，$Z_{堰}$可高；B 小，$Z_{堰}$低。

可进行不同的 $Z_{堰}$和 B 值计算比较，在各种流量和水位条件下，都能满足要求，且工程量最小。

$$Q_{引}=\sigma\varepsilon m\sqrt{2g}H_0^{3/2}B \tag{7-12}$$

$$H_0=Z_{前}-Z_{堰}+\frac{av^2}{2g} \tag{7-13}$$

例题：春灌季节，河流水位（$P=75\%$）$X_1=33.88$m，$Q_1=169.3\text{m}^3/\text{s}$。

夏灌季节，$X_1=36.05$m，$Q_{引}=350.0\text{m}^3/\text{s}$。

应计算：X_1、X_2、$Z_{前}$，X_2 由 $Q_1-Q_{引}$决定，V 与 X_1 无关。

$$X_2-Z_{堰}=H \tag{7-14}$$

7.3.3　有坝引水工程的水利计算

计算情况：在已知 $A_{灌}(Q\sim t)P_{设}$，求：$Q_{引}$、$H_{坝}$、B。

1. 设计引水流量的确定

包括长系列法、代表年法、设计灌水率法。

（1）长系列法。有坝引水引得的水量一般应小于或等于设计保证率情况下河流来水量。具体步骤如下：

1）选择有代表性的系列年组（某年某月—某年某月），灌溉临界期河流来水及灌溉用水系列的年组（30 年以上）。

2）计算历年河流来水，灌溉用水过程，计算时段为 5d 或 1 旬。

3）进行引水水量平衡计算，选同一时间小值为引水流量，若引水流量小于灌溉水量。

4）统计 n 年中河流来水满足灌溉用水的年数为 m，则

$$P=\frac{m}{n+1}\times100\% \tag{7-15}$$

5）若计算的 P 与 $P_{设}$ 相等，则可在引水流量表中选最大的实际水量 W 并计算引水流量。

$$Q_{引}=\frac{W\times10^4}{864\omega lt} \tag{7-16}$$

6）若 $P\leqslant P_{设}$，调整作物种植比例或面积，重新进行水量平衡计算，直到 $P\geqslant P_{设}$为止。

（2）代表年法。

1）选设计代表年组：

a. 把河流灌溉临界期的来水量进行频率分析，选 2～3 个 $P=P_{设}$ 的年份，并求出相应年份的用水过程。

b. 对灌区历年的作物生长期的降雨量或灌溉定额进行频率分析，选 2～3 年查出相应年份的来水。

2）对 4～6 个代表年的每一年进行水量平衡计算，使每一年不发生破坏，如有某时段不满足，应调整面积，重新进行 4～6 个年份的水量平衡计算。

3）选实际引水流量最大的年份，为设计代表年，并把该年最大引水流量设为设计引水流量。

（3）设计灌水率法。

1）$Q_{引}=q_{净}A/\eta_{水}$。

2）统计历年作物生长期最小 5d、旬河流平均流量（一年一个），绘制频率曲线（大到小排列）。

3）由 $Q_{引}$ 查对应的 P 值，如 $P<P_{设}$，要减少灌溉面积。如果 $P_{设}$ 对应的 $Q_{河}\times 30\%>Q_{引}$，采用无坝引水，或可扩大灌区。

2. 拦河坝高度的确定

拦河坝高度满足下面三方面的要求：

（1）满足灌区要求的引水高程。

（2）上游淹没损失尽可能小，使洪水期壅水高度小。

（3）适当考虑综合利用。

拦河坝（溢洪段和非溢洪段）段坝高程的计算：

溢洪坝段坝高程计算：

$$Z_{溢}=Z_{设计}+\Delta Z+\Delta D\text{(从后往前推)} \tag{7-17}$$

式中　$Z_{设计}$——设计引水流量的干渠渠首水位；

ΔD——安全超过，0.2～0.3m；

ΔZ——过闸损失，0.15～0.3m。

$$H_1=Z_{溢}-Z_{基} \tag{7-18}$$

非溢流坝段顶高程计算：

$$Z_{坝}=Z_{溢}+H_0+\Delta D_2 \tag{7-19}$$

$$H_0=\left(\frac{Q_m}{\varepsilon mB\sqrt{2g}}\right)^{\frac{2}{3}} \tag{7-20}$$

式中　ΔD_2——安全超高，0.4～1.0m；

H_0——堰上行进流速计入后的水头；

Q_m——相当于设计防洪标准的洪峰流量。

坝高
$$H_2=Z_{坝}-Z_{基} \tag{7-21}$$

3. 拦河坝的防洪校核和上游防护设施的确定

$$Z_{堤顶}=Z_{回}-\Delta D_3 \tag{7-22}$$

式中　$Z_{回}$——水水位；

ΔD_3——安全加高0.5m。

通过方案比较，如防洪堤投资太高，应考虑拦河闸方案，降低溢流段底坎高程，用闸门挡水，也可采用橡胶坝等新型材料。

4. 进水闸尺寸确定

（1）$Q_{来}=Q_{引}$时，$Z_{前}=Z_{溢}-\Delta D_1$（0.2～0.3m）。

（2）$Q_{来}>Q_{引}$时，$Z_{前}=Z_{溢}+h_2$，h_2为$Q_1-Q_{引}$后的堰上水头。

闸后水位，$Z_{后}=Z_{前}-\Delta Z$

$$H_0=\left(\frac{Q_{引}}{\varepsilon m\sigma\sqrt{2g}}\right)^{\frac{2}{3}} \tag{7-23}$$

7.4　地下水资源评价和开发利用

7.4.1　地下水资源分析计算

1. 概述

（1）地下水资源分类见图7-2。

- 地下水资源
  - 地下水天然资源
    - 地下水容积储量
      - 多年稳定储蓄量
      - 周期变化量（调节）
    - 地下水径流量
  - 地下水人工补给资源

图7-2　地下水资源分类

（2）地下水资源可开采量。地下水可开采量是依据开采条件计算出的可开采的水量，在一般情况下，其值应小于地下水天然资源量，等于或小于调节储量与地下水径流量之和，也就是天然补给量，在有人工补给条件下，也可加大开采量。

（3）设计开采量。是人为的设计数量，它表明根据技术经济条件和供需水量平衡而设计的、要从含水层中实际开采的水量，数值上应小于等于可开采量。

同学们从学习开始就分清不同的概念，天然资源是含水层中天然蓄、调水量，它是客观存在的，可开采量是依据天然资源主要依据开采条件—包括可能达到的开采能力，所计算的可开采量，而设计开采量是在算出的可开采量的基础上，根据具体的设施和供需平衡而设计的实际开采量。

（4）井灌区规划内容。由此可知，农业用水开采以浅层地下水为主、承压水为辅（浅层地下水为主），以补给量为主，由于气象条件和水文条件的变化，年补给量、年用水量都不相同，所以，不能以一年的地下水动态来作出评价，而必须从多年的角度进行分析计算。如果地下水满足一定保证率的用水要求，将会有一个周期性的变化过程。其降深的最大值就是选择提水设备的依据。如果不发现周期变化，而是持续下降，表明用水量过大，应采取相应的措施。

2. 井灌区地下水资源分析计算

(1) 静储量计算。

$$V_{静}=\mu HA \tag{7-24}$$

式中 μ——给水度；

H——含水层平均厚度；

A——含水层分布面积。

(2) 调节储量计算。调节储量是指多年最低潜水位以上的含水层中重力水的体积，可转为径流，也可蒸发，但可恢复，具有明显的季节变化规律。

$$V_{调}=\sum_{i=1}^{n}u_i\Delta H_iA_i \tag{7-25}$$

(3) 地下水天然径流量。单位时间内穿过计算地区横断面的地下水量。

$$Q_{动}=AKJ=HBKJ \tag{7-26}$$

式中 B——过水断面宽；

H——含水层厚度。

K、J 要准确，一般应分段计算，因 H 变化也可能随之变化。

(4) 天然资源。算出了 $V_{静}$、$V_{调}$、$Q_{动}$之后，天然资源并非简单相加。因 $V_{调}$ 与 $V_{动}$ 有转化关系，所以必须具有保证率的概念，不能把某年某月某日测得的数量不加分析笼统地作为地区的调节储量和动储量，以至引起不良的后果。

3. 井灌区可开采资源计算

可开采量的计算有多种方法：①依据天然储量评价；②补给带法评价；③单位释水量法评价；④区域下降漏斗法；⑤水量均衡法；⑥相关分析法；⑦解析法。

水量均衡法：求出年用水量和地下水变化过程的方法。将均衡区作为一个整体，进行水量均衡分析。将地下含水层作为一个多年调节的地下水库，根据水量平衡原理按照与地面水库相似的方法进行多年调节计算，确定地下水库的库容和最低静水位，调节计算可以从正常高水位开始，逐年推求时段末的地下水埋深，求满足设计保证率条件下的最大降深和动用的地下水储量。

Δt 时段水量均衡方程为

$$u\Delta H_A=\theta_i-\theta_0+W_A+V_A \tag{7-27}$$

平均到单位面积上水量均衡方程为

$$u\Delta H=\frac{\theta_i-\theta_0}{A}+W-V \tag{7-28}$$

该公式适于潜水和承压水。

利用该方程计算水位降深并不困难，但是，提供准确的计算资料，却是相当不容易的事，而且可开采量的最终评定，是一个反复筛选的过程。

(1) 井灌区规划。

1）井灌区地下水资源分析计算内容。

a. 分析地下水补给排泄条件，估算多年平均单位面积上地下水补给量和总补给量，作为井灌区规划的依据。

b. 拟定不同开发利用方案，计算各年灌溉用水量，进行地下水多年调节计算，包括动态达到平衡的可能性及最大降深。

c. 选择开采方案，确定可开采量和设计降深。

2）水井的合理布置（间距、形式）。

a. 按稳定流计算流量：流量水位随时间变化影响不大。

b. 按非稳定流计算流量：流量水位随空间和时间不同而变化。

（2）潜水可开采量计算。

$$V=\frac{\theta_i-\theta_0}{A}+W-u\Delta H \tag{7-29}$$

$$W=P_r+R_r+W_r+W_y-E \tag{7-30}$$

$$W_y=\frac{K'}{m'}\Delta H'\Delta t \tag{7-31}$$

式中 P_r——Δt 内降雨入渗补给量；

R_r——河渠补给量；

W_r——灌溉水补给量；

W_y——越层补给量；

E——蒸发量；

u——给水度通过计算、测定得。

计算 $(\theta_i-\theta_0)/A$ 如果是年内变化，可分别计算各时段值，然后累加，如果是大闭合流域，$\theta_i-\theta_0$ 多年平均可视为 0，如果建坝，可根据水力学条件求入、出流量。水平补给排泄量（达尔西断面法）。

（3）承压水 W 计算。

$$W=W_y+W_s \tag{7-32}$$

式中 W_y——越层补给；

W_s——弱层释水量。

（4）多年均衡计算方法、步骤。

1）分区：将计算区划分或若干均衡区，各方面条件一致，开采均一。

2）计算：拟定不同的井灌率，把各年的来用水量列表分析。

3）计算的最大降深就是，多年情况下的，求在 $P_{设}$ 条件下水泵提水高度 H_P。

7.4.2 水井的合理布置

水井布置：①以取浅层地下水为主，深层补充；②有计划开采深层以防止水位持续下降和地面下沉；③影响半径范围以外，尽量满足 $D\geqslant 2R$。

1. 稳定流计算

（1）水井出水量计算（单井或井群无影响时）（完整浅水井、非完整浅水井、完整承压水井、非承压水井）。

1）整井的出水量计算。通过抽水试验知道，从潜水含水层中抽水时，水井周围的潜水位下降，形成一个以井孔为轴心的下降漏斗，当出水量和井中动水位稳定一段时间后，漏斗也趋于稳定，漏斗边缘到井轴距离为影响半径 R，则过水断面积：

$$W=2\pi rh \tag{7-33}$$

水力坡度：

$$J=\mathrm{d}h/\mathrm{d}r \tag{7-34}$$

层流时：

$$Q=wkj=2\pi rhk\frac{\mathrm{d}h}{\mathrm{d}r} \tag{7-35}$$

$$\frac{Q}{r\pi k}\mathrm{d}r=2h\,\mathrm{d}h \tag{7-36}$$

从 r_0 到 R，h_0 到 H 积分：

$$\int_{R_0}^{H}2h\,\mathrm{d}h=\int_{r_0}^{R}\frac{Q}{\pi k}\frac{\mathrm{d}r}{r} \tag{7-37}$$

由此得　　$H^2-h_0^2=(\ln R-\ln r_0)\theta/\pi k$

整理后，承压水求出水量公式：

$$Q=\frac{2.73KuS}{\lg R}\Big/r \tag{7-38}$$

$$Q=1.364k\frac{H^2-h_0^2}{\lg\dfrac{R}{r_0}}（潜水） \tag{7-39}$$

式中　S——水位降深。

2）非完整井出水量。

$$Q_{非完}=BQ_{完} \tag{7-40}$$

式中　B——折减系数，可查表得到。

(2) 干扰井群的出水量计算。当同一含水层中有两口以上的井同时抽水，且井距小于影响半径时，井与井之间就要发生影响，这种影响叫干扰作用。具体表现是：在降深相同的情况下，每口干扰井的出水量小于一口井单独工作时的抽水量。或者使出水量相等，降深要大于一口井的降深。

计算方法：理论方法和半经验方法。

$$H^2-h_2^2=\frac{1}{1.364k}\left(Q_1\lg\frac{R_1}{R_{1-2}}+\cdots+Q_n\lg\frac{R_n}{r_{n-2}}\right) \tag{7-41}$$

利用叠加原理，列方程：

$$H^2-h_1^2=\frac{1}{1.364k}\left(Q_1\lg\frac{R_1}{R_1}+\cdots+Q_n\lg\frac{R_n}{r_{n+1}}\right) \tag{7-42}$$

式中　H——含水层厚度；

h_i——单独抽水时第 i 号井的井水位；

r_{n-i}——第 n 号井至 i 号井的距离；

R_i——第 i 号井的影响半径。

2. 非稳定流计算

潜水含水层非稳定流单井抽水时，非稳定流计算。

1）把渗流场中三维流割离出一个微分单元体。

宽 d_x、长 d_y、高 H

流入水量：x 轴 $qx\mathrm{d}y\mathrm{d}t$

y 轴 $qy\mathrm{d}x\mathrm{d}t$

垂直 $w\mathrm{d}x\mathrm{d}y\mathrm{d}t$　（w——入渗强度）

流出水量：x 轴：$\left(qx+\dfrac{\partial qx}{\partial x}\mathrm{d}x\right)\mathrm{d}y\mathrm{d}t$

y 轴：$\left(qy+\dfrac{\partial qy}{\partial y}\mathrm{d}y\right)\mathrm{d}x\mathrm{d}t$

内部变化：水位由 $\mathrm{d}t$ 时间内上涨$\dfrac{\partial H}{\partial t}\mathrm{d}t$，水面从 ABCD 上升至 A′B′C′D′则小六面体中蓄存的水量为

$$u\frac{\partial H}{\partial t}\mathrm{d}t\mathrm{d}y\mathrm{d}x \tag{7-43}$$

2）潜水井的非稳定流微分方程（同上）。

例题：有一凿于宽阔的承压含水层中的完整井，井径 0.305m，出水量为 $2700\mathrm{m}^3/\mathrm{d}$，含水层厚度 $M=30\mathrm{m}$，$K=41\mathrm{m/d}$，给水系数 $u_e=0.000205$。求 $t=4\mathrm{h}$ 时 $r=60\mathrm{m}$ 处的水位降升。

解：由于井径小而含水层宽广，可视为无限边界承压含水层中井的渗流问题，又因出水量固定，于是可用泰斯公式：

$$T=Km=41\times30=1230\mathrm{m}^2/\mathrm{d},a=T/u_e,u=r^2/4At=r^2u_e/4Tt=9\times10^{-4}$$

由井函数查得 $W(u)=6.44$

则

$$S=\frac{W(u)Q}{4\pi T}=1.12\mathrm{m}$$

已知：计算公式为 $S=W(u)Q/4\pi t$

$T=Km=41\times30=1230\mathrm{m}^2/\mathrm{d}$（导水系数）

$W(u)$井函数——通过表格计算

$U=r^2/4at$、$a=T/u_e$（压力传导系数）

$U=r^2/4at=60^2\times0.000205/4\times1230\times0.167=9\times10^{-4}$

3. 水井距离

(1) 地下水资源充足地区，单井控制面积为 $A=QtT\eta/m$（亩）。

井距

$$D=\sqrt{\frac{667QtT\eta}{m}}\,(\mathrm{m}) \tag{7-44}$$

式中　Q——水位降深达到相对稳定时的单井出流量。

如按单井考虑 $D>2R$（影响半径）

$$R=10S\sqrt{K} \tag{7-45}$$

式中　S——设计降深；

K——渗透系数。

(2) 地下水资源不足地区。每平方公里井数：

$$N=\frac{\varepsilon}{QtT} \tag{7-46}$$

$$D=1000\sqrt{\frac{1}{N}}=1000\sqrt{\frac{QTt}{\varepsilon}} \tag{7-47}$$

式中　ε——开采模数，$m^3/(km^2 \cdot a)$。

(3) 布置：梅花形、井位于高地。

4. 经验公式

单井漏水量计算公式：

$$Q=2.73\frac{KLS}{\lg\frac{1.62}{r}} \tag{7-48}$$

式中　K——渗透系数，m/d；

L——滤水管长，m；

S——设计降深，m；

r——井半径，m。

例题：某区地下水资源比较充足，均匀分布水井，如水井的流量为 $100m^3/h$，渠系水有效，利用系数 $\eta_水=0.7$，每次灌水定额为 $40m^3$/亩，每天灌水时间为18h，整个面积完成一次灌水所需时间为3d，求单井灌溉面积为多少？水井间距为多少？

$$A=QtT\eta/m=100\times18\times3\times0.7/40=94.5\text{（亩）}$$

$$D=\sqrt{\frac{667QTth}{m}}=251m$$

第8章　田　间　排　水

田间排水任务：除涝、防渍、防盐、为适时耕作创造条件。

研究内容：农作物对农田排水的要求，以及达到这些要求而修建的田间排水系统的规格、布置、结构。

8.1　农作物对农田排水的要求

8.1.1　农作物对除涝排水的要求

农作物对田面积水有一定的限度，超过允许的耐淹历时和耐淹深度，轻则减产、重则死亡。所以，应及时排除地表积水。

(1) 原因：田面积水多、时间长，影响作物对氧气的吸收，使作物在无氧的条件下呼吸，产生的乙醇可使作物中毒死亡。

(2) 耐淹深度和耐淹历时有关的因素：①作物品种；②生育阶段；③土壤质地；④气候条件。

一般旱田耐淹时间为2～3d，水深10～15cm，水稻超过最大淹水深度3～5d，也会减产（H_1），由此可确定排涝历时。湖北省：旱田采用一日暴雨两日排除，水田采用1～3d暴雨，3～5d排除。

8.1.2　农作物对防渍排水的要求

在旱田中，地下水位过高，作物就会受到渍害而减产，因此，田间排水工程还应满足防渍的要求，使根系层土壤保持适宜的含水率θ。

一般适宜含水率取$\theta_{田}$的70%～90%，与作物根系层田间持水率大小有关的因素是地下水位，地下水位太高，会使土壤含水率超过θ_n。经过多年总结，得出了地下水埋深和小麦等作物单产的关系图。

作物所要求的地下水埋深因作物种类、生育阶段和土壤性质不同而不同。

(1) 麦类。播种幼苗期：$H=0.5$m左右，以便利用毛管上升水；返青、拔节：$H=0.8\sim1.0$m；根系发育后：$H>1.0\sim1.2$m。

(2) 水稻：喜温好湿作物，但也要控制地下水位。晒田期：(3～5)d/(5～7)d，$H=0.4\sim0.6$m；其他时期：适当、以利通气；收割后：$H=0.6\sim0.8$m。

8.1.3　防止土壤盐碱化和改良盐碱土对农田排水要求

土壤中的盐分主要是随水分而运动，蒸发条件下，由于毛管作用，盐分随水分上升，水分蒸发后，盐分则留在土壤表层。降雨和灌水时，入渗的水流夹带表层的盐分向深度移动，使表层盐分逐渐降低。所以，在某一季节内，土壤的积盐和脱盐取决于蒸发和入渗条件。

蒸发强度与气象条件和地下水埋深有关。埋深越小，蒸发强度越大；土壤越干旱，蒸发强度大，表层积盐快，易形成盐碱化。

降雨和灌溉的入渗强度也与地下水位有关，地下水位越高，土壤含水量越大，入渗速度越小，所以带入深层盐分越小，因而土壤不易脱盐。

由此可见，土壤的积盐和脱盐都与地下水埋深有关。这样就存在一个临界地下水埋深问题。

临界深度：在一定的自然条件和农业技术措施条件下，为了保证土壤不产生盐碱化和作物不受盐害所要求保持的地下水最小埋藏深度，称为地下水临界深度。

有关因素：①地下水矿化度；②气象条件；③灌排条件；④农技措施；⑤土壤性质。

8.1.4 农业耕作条件，对农田排水的要求

机械适宜下田的土壤含水率为（60%～70%）$\theta_田$，也与机械种类有关，履带拖拉机 $H \geqslant 0.4 \sim 0.5$m，轮式拖拉机 $H \geqslant 0.5 \sim 0.6$m，当重型拖拉机带动联合收割机时，土壤含水率为干土重的30%～32%（最大），埋深0.9～1.0m，土壤质地一般为黑钙土。

综上所述，农作物对农田排水的要求，可概括为排除多余的地面径流和控制地下水位。

目前的排涝系统大多数仅考虑排除地表积水这部分，而土壤渍涝对农作物的危害是存在的，应该认真对待。

8.2 排除地面水的水平排水系统

8.2.1 大田蓄水能力

降雨形成的多余的地面水除了利用排水沟道排除外，还应该利用田块本身及田块上的沟、畦、格田等、拦蓄一部分雨水，但拦蓄的能力是有一定限度的，这种限度称为大田蓄水能力。包括两部分：一部分储存在地面以下的土层中；另一部分补充了地下水，并使地下水位有所升高。旱田的大田蓄水能力计算公式为

$$V = H(\theta_{max} - \theta_0) + (\theta_s - \theta_{max}) = H(\theta_{max} - \theta_0) + \mu H_1 \tag{8-1}$$

式中 V——大田蓄水能力，m；

H——降雨前地下水埋深，m；

θ_0——降雨前由地下水以上土层平均体积含水率；

θ_{max}——地下水位以上土壤平均最大持水率，$\theta_{max} < \theta_田$；

θ_s——饱和含水率；

H_1——降雨后地下水位允许上升高度，视地下水排水深度所定；

μ——给水度，$\mu = \theta_s - \theta_{max}$。

当降雨大于大田蓄水能力时，就应该修排水系统，将多余的雨水排除田块。

为了正确规划布置除涝用的排水沟网，下面我们对降雨形成径流过程和排水沟间距加以分析。

8.2.2　田面径流过程

（1）降雨时，$P>I_{入渗}$，或者蓄满，产生径流。

（2）田面具有坡降，水由首端向下游汇流。

（3）汇流面积越大，水层越深，单位宽度下，汇流路径越长，深度越大。

（4）排出田面水层所需时间越长。

由此可知，田间排水沟间距越小，向沟内汇流时间越短，排除时间越快，作物淹水深度小，淹水时间短。

8.2.3　田间排水沟深度和间距

田间排水沟是指排水系统中末级固定排水沟。一般指农沟（少数地区有毛沟），农沟间距越密，地块越小、排水效果好，但耕作不便。相反，则达不到除涝排水的要求，因此，田间排水沟间距和耐淹深度，耐淹历时有关。

土壤渗吸速度

$$i=i_1/t^{\alpha}=i_1t^{\alpha} \tag{8-2}$$

入渗总量

$$I=\left(\frac{i_1}{1-\alpha}\right)t^{1-\alpha}=i_0t^{1-\alpha} \tag{8-3}$$

在降雨历时和淹水时间 i 和（$t+T$）内，$I=i_0\ (t+T)^{1-\alpha}<V$ 才能满足假设

$$t+T>\left(\frac{V}{i_0}\right)^{\frac{1}{1-\alpha}} \tag{8-4}$$

排水沟的要求，如果必须设排水沟，目前没有理论公式可计算，一般视经验而定。北方末级农沟间距 150～400m。

沟深视构造要求，排地表水的沟深 0.8～1.2m，一般农沟间距 200m 左右（旱田）深 1.0～1.2m，水田农沟间距 200m，田块为间距一半，深 0.8～1.0m。

8.3　控制地下水位的水平排水系统

在地下水位较高和有盐碱化威胁的地区，必须修建控制地下水位的田间排水沟，以便降低地下水位，防止因灌溉、降雨、冲盐引起的地下水位上升，造成渍害和盐碱化。控制地下水位的田间工程有水平（排水沟、暗管）、垂直（竖井）两种形式。本节介绍水平排水系统。

8.3.1　排水沟对地下水位的调控作用

引起地下位上升的水量主要来源于降雨、灌溉、冲盐、沟渠渗漏。下面，仅对降雨因素进行分析，说明排水沟对地下水位的调控作用。

1. 无排水条件下

(1) 降雨引起地下水位上升。

(2) 水位回落主要依靠地下水通过毛管力上升后蒸发，蒸发强度随着水位下降逐渐减弱。

2. 有排水沟情况下

(1) 降雨引起地下水位上升，有一部分水自排水沟排走，上升高度较无排水时要小，越靠近排水沟，控制作用愈显著，两沟中间为最高点。

(2) 雨停后，由于排水沟和蒸发双重作用，水位降落速度较快。

综上：建排水沟后，既控制地下水位上升，又加速地下水的排除和回落，因而起到双重作用。

8.3.2　控制地下水位要求的排水沟（管）间距深度

1. 排水沟深度

当作物允许的地下水埋深一定时，农沟深度可用下式表示：

$$D=\Delta H+\Delta h+s \tag{8-5}$$

式中　ΔH——作物要求的地下水埋深，m；

Δh——两沟中心点降至 ΔH 时，地下水位与沟水位之差，mm；

s——排水沟内水深（农沟），0.1～0.2m。

2. 与排水沟间距有关因素

(1) 与导压系数 α（也叫压力传导系数）有关。

$$\alpha=K\overline{H}/\mu \tag{8-6}$$

式中　K——渗透系数；

$\overline{H}$——含水层平均厚度；

μ——土壤给水度（潜水）。

α 与 L 成正比关系，α 越大，L 越大。

(2) 与沟深有关（设计沟深）。

沟深与 L 成正比关系，沟深越深，L 越大。

说明小沟密集、大沟稀疏两种方案，哪种更适合。

(3) 与土壤性质有关。

土壤越黏重，间距应该越小，才能满足排水要求。

黏土给水度大，所以 α 小、L 越小。

经验数据：旱田 $D=1.5\sim2.0$m，$L=60\sim200$m；

水田 $D=0.8\sim1.5$m。

3. 排水沟间距计算公式

(1) 不透水层位于有限深度时（$H<L$）。

1) 恒定流：在雨季长期降雨，由降雨入渗补给地下水的水量，如果与排水沟出水量相等，则该时的地下水位达到稳定，地下水位将不随时间而变化，此时即为恒定流。非完整沟计算公式：

$$L=\sqrt{\left(\frac{4\bar{H}}{\Pi}\ln\frac{2\bar{H}}{\pi\Pi D}\right)^2+8\bar{H}\frac{kh_c}{\varepsilon}}-\frac{4\bar{H}}{\Pi}\ln\frac{2\bar{H}}{\Pi D} \tag{8-7}$$

$$\bar{H}_0=H_0+\frac{h_c}{2} \tag{8-8}$$

式中 D——水面宽；

ε——入渗强度；

k——渗透系数。

2）非恒定流：雨季长期降雨，降雨时地下水位与沟中水位齐平，由降雨入渗补给地下水的水量大于排水沟排出的水量，则地下水位不断上升，降雨停止后，水位开始回降，下降的水位随时间而变化。

$$L=\pi\sqrt{\frac{\alpha k\bar{H}t}{\mu\ln\frac{4h_0}{\Pi h_1}}} \tag{8-9}$$

式中 α——修正系数。

（2）不透水层位于无限深度时（$H\geqslant L$）。

1）定流计算公式：

$$L=\frac{K\pi H_C}{\varepsilon\ln\frac{2L}{\Pi D}} \tag{8-10}$$

$$\alpha=\frac{1}{1+\frac{8\bar{H}}{\Pi L}\ln\frac{2\bar{H}}{\Pi D}} \tag{8-11}$$

通过公式算法，迭代法计算。

2）非恒定流公式：

$$L=\eta\frac{kT}{\ln\frac{h_0}{h_1}} \tag{8-12}$$

$$\eta=\Pi C \tag{8-13}$$

8.3.3 控制水田渗漏量要求的排水沟（管）间距

水田为了保证水稻正常生长：需要一定的入渗强度。

洗盐地区：较大入渗强度。

入渗强度 ε（m/d）与下列因素有关：①土壤质地 K；②管深 D；③田面水位与沟水位差 H；④各点强度与距沟距离 X。

暗管排水情况

$$\varepsilon=\bar{\varepsilon}\frac{\alpha}{(1-\alpha^2)\sin^2\frac{\Pi x}{L}+\alpha^2} \tag{8-14}$$

$$\bar{\varepsilon}=q/L=\frac{KH}{AL} \tag{8-15}$$

$$A=\frac{1}{\Pi}\operatorname{artanh}\sqrt{\frac{\tanh\frac{\Pi D}{L}}{\tanh\frac{\Pi(D+d)}{L}}} \tag{8-16}$$

$$\alpha=\sqrt{\tanh\frac{\Pi D}{L}\tanh\frac{\Pi(D+d)}{L}} \tag{8-17}$$

式中　q——宽位管长的排水流量，m^3/d。

$X=0$ 处　$\varepsilon_0=\varepsilon/\alpha$

$X=L/2$ 处 $\varepsilon_c=\varepsilon/\alpha$

artanh 为双曲线正切，$\tanh x=(e^x-e^{-x})/(e^x+e^{-x})$。

明沟冲洗排水情况

在 $X=0$ 处，$\varepsilon=k$；在 $x=L/2$ 处

$$\varepsilon=k\left(1-\frac{1}{\cosh\frac{\Pi D}{L}}\right) \tag{8-18}$$

无论哪种，正常入渗强度在 3mm/d 左右。

8.4　田间排水系统的布置与结构

8.4.1　田间明沟排水系统

（1）易涝易碱地区：斗、支沟负责防盐，田间排水只负责除涝。

（2）地下水埋藏较深地区，田间只排明水。

（3）在地下水位高的地区，末级排水沟间距 100～150m 时可在田间设毛沟。

一般而言，农沟间距 200m 左右（旱田）一般不设毛沟（加密农沟）。

8.4.2　地下暗管排水系统

地下暗管排水系统：用地下管道来控制田间地下水位的工程设施。包括：吸水管、集水沟、检查井和排水集水井控制设施。当地势较低不能自流时，还包括排水泵站。

适用条件：间距较小的地区，一般排水上层滞水较好；

优点：少占地，不影响机耕等；

缺点：施工需机械化，一次性投资大。

暗管排水系统的组成和布置

（1）组成。

1）吸水管：位于田间地面以下（耕作层以下）及适当深度。

2）水管沟：汇集吸水管的集水送至下一级排水沟道的管道或明沟。

3）检查井：多级暗管组成系统时，设在吸水管和集水管相交处，用于冲沙、清淤、

控制水流和管道检修的竖井。

4）集水井：当出口处水位较高，不能自流，需设集水井汇水，由水泵排到下一级排水沟中。

（2）布置形式。

1）吸水管与集水管沟正交：平原；

2）吸水管与集水管沟斜交：山丘；

3）不规则：地形复杂地区。

8.4.3 鼠道排水

定义在田面以下用特殊设备形成的无衬砌的地下排水通道。

优点：投资省、用工少、见效快、效益高。

缺点：土壤含黏粒程度25%～50%，使用年限短。

适用：排上层滞水较好。

结构：深度3种。0.3～0.5，1～3m；0.5～0.7，2～4m；0.7～1.0，3～5m。

比降和长度 P_{219}：ϕ5--10cm。

8.5 竖 井 排 水

利用水井排除地下水的工程措施。

8.5.1 竖井排水的作用

（1）降低地下水位，防止土壤返盐。

（2）腾空地下库容用以除涝防渍。

（3）促进土壤脱盐和地下水淡化。

8.5.2 竖井的规划布置

1. 合理的井深和井型

（1）K 较大地区，打浅井，自上而下均为滤水管。

（2）砂层在地表以下一定深度，砂层以上无明显隔水层时，可打井至含水砂层，加大出水量。

（3）上部土层透水性差，且相当深度内无良好砂层时，采用适当井型，增加出水量。

2. 水井的布置

担负排水任务的水井，间距要满足控制地下水位的要求。担负灌排任务，同时应满足灌溉控制面积的要求。

排水竖井可布置成梅花形和正方形。

动水位降深：

$$S = \sum_{i=1}^{n} Si \frac{Q_i}{4\Pi T} W\left(\frac{ri^2}{4at}\right) \tag{8-19}$$

第9章 排水沟道系统

9.1 排水沟道系统的规划布置

9.1.1 排水系统组成

排水系统由排水沟系和蓄水设施，排水枢纽（闸、站），承泄区（河、湖）组成。排水沟系和蓄水设施由田间排水网，输水沟系（干、支、斗沟），蓄涝容积（河、湖等）组成。田间排水网主要包括明沟、暗管、鼠道和竖井。

9.1.2 排水系统规划设计步骤

本章主要介绍干、支、斗、农四级固定沟道的规划设计和承泄区规划设计（排水沟道）。规划设计的前提是已有流域规划和防洪除涝规划，确定了流域范围内的骨干工程布局和规模。这两方面是互相依存的、互为条件，应综合考虑。

排水系统规划设计步骤如下：

（1）收集分析有关资料，摸清渍、涝、盐灾害成因。

（2）制定规划原则，治理标准，主要措施。

（3）拟定各种方案。

（4）通过技术经济比较，选择采用的方案。

（5）概算。

（6）制定分期实施计划。

1. 排水地区渍涝成因

涝渍成因主要有两种：来水过多与排水不良。其中，来水过多主要包括当地暴雨形成的地面径流、外来径流（地面、地下）与灌溉多余水量和洗盐水量三部分。

排水不良主要是由承泄区排水原因，内部原因以及管理原因三种类型引起。承泄区排水原因又可分为：承泄区水位高、排水口断面小以及排水枢纽规模小三方面。内部原因又可分为：微地形复杂；土壤透水性差；不配套；灌排不分；未达标准；内部缺少滞涝容积。

2. 规划原则，治理标准，主要措施

（1）排水沟道布置应符合下列要求：

1）安全及时排水，便于管理，费用最省。

2）排水沟布置在控制范围最低处，高水高排，低水低排，自排为主，抽排为辅。

3）要与灌溉渠系，土地利用、道路、林带、行政区划，承泄区协调。

4）干沟出口在承泄区水位较低，河床稳定地方，并尽量利用天然河沟，根据需要裁弯取直，扩宽加深或加固堤防。

5）支与干、干与承泄区衔接处以30°～60°连接为好。

6）在有外水入侵处，应布置截流沟，直接排入承泄区。

7）旱间作地区，水旱之间设截渗沟。

8）干、支沟弯道半径不小于7.5倍水面宽。

（2）治理标准包括：①除涝标准；②排渍标准；③防盐标准；④承泄区水位标准。

（3）主要措施（排水方式）：根据本区的具体情况，渍涝成因，治理标准，拟定田间排水措施和骨干工程措施。

1）汛期排水和日常排水。

2）自流和抽排。

3）水平和垂直排水。

4）地面截流沟和地下截流沟。

3. 合理拟定各种方案

包括如下内容：

（1）确定若干排水分区，高水高排，低水低排。

（2）内外水分开，包括防洪堤和截流沟的布置方案。

（3）拟定各排水区的骨干沟道布置线路，结合渠、路等考虑。

（4）拟定可能的承泄区及排水口的布置方案。

分析不同的组合，制定若干排水方案进行下步比较。

4. 技术径流比较选择方案

根据各个方案的骨干工程：干、支沟，交叉建筑物排水枢纽等，进行投资估算，并从技术方面、经济方面分析可行性、合理性选择方案。

5. 概算

对所选方案进一步进行概算，除了骨干工程尚应包括田间工程。（斗沟以下）

6. 制定分期实施计划

根据投资可能，先骨干、后田间、先下游、后上游，分期分批进行实施计划编制。

9.2　除涝设计标准

9.2.1　排水设计标准及有关概念

排水设计标准包括：①排涝标准（除涝标准）；②排渍标准；③防盐标准；④承泄区水位标准。

1. 排水设计标准

指对一定重现期的暴雨或一定量的灌溉渗水、渠道退水、在一定的时间内排除涝水或降低地下水位到一定的适宜深度，以保证农作物的正常生长。

2. 排涝标准

以治理区发生一定重现期的暴雨，作物不受涝为标准。

3. 排渍标准

在降雨成渍地区，3d暴雨5～7d将地下水排至排渍设计深度。在灌水成渍的旱作区，一般采用灌水后1d内将齐地面的地下水位降至0.2m。

4. 防盐标准

返盐季节地下水位控制在临界深度以下。

5. 承泄区水位标准

一般采用与排水区设计暴雨频率的洪水位（同频率遭遇时），当不同频率遭遇时，必须进行遭遇分析，采用相应频率的洪水位。

本节重点介绍除涝标准。

9.2.2 除涝设计标准

除涝设计标准有三种表达方式：

(1) 以治理区发生一定重现期的暴雨，作物不受涝为标准。包括降雨量、时间、排水历时。某一深度暴雨在耐淹时间内排除。

(2) 以治理区作物不受涝的保证率为标准。指治理工程实施后，作物能正常生长的年数占全系列总年数之比。比较复杂，一般采用长系列操作。

(3) 以某一定量暴雨或涝灾严重的典型年作为排涝设计标准。比较实际。除涝设计标准高：年均投资高，年运行费高，建成后平均年损失小，反之相反。所以，应比较不同的设计标准年费用和年受损失之和，取小值为优。

9.3 排水流量的计算

排水流量：排涝流量—确定断面尺寸。

排渍流量（日常流量）—确定沟底高程。

9.3.1 设计排涝流量的计算

设计排涝流量：又称最大设计流量，按照除涝标准排除农田积水所进行排水沟、闸、站设计应采用的流量，其值与暴雨总量和强度、面积及特征有关。

$$Q_p = q_p F \tag{9-1}$$

式中 q_p——设计排模，单位面积上的排涝流量，m^3/s。

推求排涝流量的方法有2种：流量资料推求；暴雨资料推求。

由暴雨推求方法有4种：

(1) 对于一般不受下游河、沟水位影响的排水沟，可由设计暴雨推求最大峰量作为设计排涝流量。

(2) 对于不直接排入容泄区，而汇入低洼滞涝区的排水沟，则要推流量过程线来确定设计流量小。

(3) 对于山丘区比降陡的排水河、沟、撇洪、截流沟，暴雨排水过程线采用单位线法。无资料地区可查图集。

(4) 平原低洼区，受下游水位影响时，按非恒定流公式计算。

1. 由降雨资料推求排涝流量或排模的分析

(1) 影响排模的主要因素有:

1) 设计降雨:包括每次降雨的大小和整个汛期降雨量大小和时空分配,每次降雨影响每次径流,后者影响土壤水分。

2) 排水面积大小、形状:排水面积小、排模大,B/L 越大、排模越大。

3) 地面坡度:坡度越陡、排模越大(汇流快)。

4) 地面覆盖和作物组成:旱田抗涝能力小于水田、旱田排模大。

5) 土壤:黏土大、田间入渗量小。

6) 排水沟网配套情况及沟道比降:沟系密而完善、排模大。

(2) 排涝地区地面径流形成过程。

1) 无排水设施集水坡地的径流情况。

a. 最大径流恰好发生在降雨停止时刻。

$$t=l/v \tag{9-2}$$

式中 t——降雨历时;

l——坡长度;

v——流速。

$$Q_{max}/\bar{Q}=k=2 \tag{9-3}$$

$$A_{max}=A_{总} \tag{9-4}$$

b. 当降雨没停止时就发生最大径流。

坡短,t 大

$$A_{max}=A_{总} \tag{9-5}$$

$$Q_{max}/\bar{Q}=k<2 \tag{9-6}$$

c. 在降雨停止后,才开始发生最大径流。

$$A_{max}<A_{总} \tag{9-7}$$

$$Q_{max}/\bar{Q}=k<2 \tag{9-8}$$

2) 有排水设施径流情况。

地面径流率:

$$q_{设}=q_{max}=Q_{max}/A_{总} \tag{9-9}$$

$$Q_{max}=K\bar{Q}=K\frac{A_{总}\sigma P}{T} \tag{9-10}$$

耐淹历时(2d)

所以,理论公式:

$$T=t+\frac{l_{坡}}{v}+\frac{l_{农}}{v_{农}}+\frac{l_{斗}}{v_{斗}}+\frac{l_{支}}{v_{支}}+\frac{l_{干}}{v_{干}} \tag{9-11}$$

$$q_{max}=\frac{0.28k\sigma P}{tD}=\frac{0.28\sigma P}{t}\frac{k}{D}=\frac{0.28\sigma P}{t}\psi \tag{9-12}$$

式中 t——降雨历时,h;

P——一定频率的次降雨量,mm;

σ——径流系数；

k/D——径流迟缓系数与排水系统布置，结构有关；

ψ——径流迟缓系数。

影响排模的因素：a. 面积大小、形状、地形、排水系统。

b. 雨强 P/T，入渗情况 σ。

c. 汇流速度（非沟道）。

2. 国内常用计算排涝流量的方法

包括：经验公式法；平均排除法；半经验-半理论公式法。

（1）排涝模数经验公式法。

1）计算公式为

$$q=KR^{m}F^{n} \tag{9-13}$$

式中 q——设计排涝模数，$m^3/(s\cdot km^2)$；

F——排水沟设计断面所控制的排涝面积，km^2；

R——设计径流深，mm；

K——综合系数；

m——峰量指数（反映洪峰与洪量关系）；

n——递减指数（反映 q 与 A 的关系）。

2）优点：a. 考虑不影响排模的两个主要因素及不同自然地理特征的修正系数。

b. 形式简单，便于综合及应用。

c. 具有一定精度，但由于参数是经验性的，其他地区不能直接搬用。

3）缺点：此方法没有考虑作物对排涝的要求。

4）应用：主要应用于大面积排水河道设计中。

（2）平均排除法。

1）计算公式：

$$Q=\frac{RF}{86.4t} \tag{9-14}$$

$$q=\frac{R}{86.4t} \tag{9-15}$$

式中 q——设计排涝模数，$m^3/(s\cdot km^2)$；

R——设计径流深，mm；

t——规定的排涝时间，d。

2）优点：公式中考虑了降雨量和排水历时，计算简便。

3）缺点：排涝模数是一个均值，小于最大排涝模数也没有反映出“排水面积越大排涝流量越小”的规律。所以，该方法计算的排模，对于小面积来说偏小，对于大面积来说又偏大。

4）适用：（水网区，抽水、排水地区）河网有调蓄能力地区。

小面积排水沟在不超耐淹历时情况下允许水漫沟槽。

（3）半经验-半理论方法。

1）由理论公式引入耐淹系数（槽蓄、迟缓）得

$$q_{\max}=\frac{0.28\sigma p}{t}\psi \tag{9-16}$$

$$q_{P}=\frac{0.28R\gamma}{t}\psi\eta \tag{9-17}$$

式中　q_P——某一频率的排涝模数，$m^3/(s \cdot km^2)$；

t——降雨历时，h；

γ——作物耐淹系数，是控制排出的流量与不控制之比，湖北省 $\gamma=0.5$；

ψ——迟缓径流系数，（可查表）；

η——槽蓄系数，（可查表）。

2）优点：考虑影响因素比较全面，既考虑面积、降雨量又考虑了排水历时及沟道情况，具有理论公式的优点。

3）缺点：在大面积的排水区计算总干渠槽蓄量时假定沟道无水是不可能的，因此，槽蓄量偏大，排模偏小。

4）适用：平原区均可，对于小面积涝区，计算更简便。η、$\psi=1.0$。

5）双侧排水：$q=1.2q_P$　荒地：$q=0.5q_{设}$。

3. 设计径流深的计算

（1）推求设计暴雨。

1）小面积涝区采用1d暴雨，并用点雨量代替面雨量，大面积涝区以3d暴雨为标准，并且根据点面关系求得面雨量。有滞涝容积的地区采用长历时的暴雨。300～500km^2为界限，另外，还应根据地区特征，一般采用1d暴雨为标准。

2）雨量的计算方法。

a. 典型年法：采用排水区某个涝区严重的年份为典型年，这一年的某次最大暴雨为设计暴雨。

b. 频率法：采用实测资料统计计算，用各年最大的一次面平均降雨量，进行雨量频率分析，求得设计标准的降雨量，也可查水文图集。通常情况采用频率法，超渗产流区[蓄满产流区用$(P+P_a)mp$为设计降雨]。

（2）推求设计径流深。

1）降雨径流相关法，适用于蓄满产流地区，也就是旱田湿润，透水性强，具有隔水层的下垫面。

a. 做 $P+P_a$—R 相关图。

b. 每年最大日的$(P+P_a)m$进行频率分析，求得设计标准的$(P+P_a)mp$。

c. 查 $(P+P_a)$—R 关系得$R_{设}$。

2）径流系数法—适用于超渗产流地区（干旱区），由频率法求得的设计暴雨$P_{设}$，乘径流系数α，得$R_{设}$。

3）水田区$R_{设}$计算：

$$R_{设}=P_{设}-h_{田蓄}-E \tag{9-18}$$

式中　$P_{设}$——设计暴雨；

$h_{田蓄}$——水田滞蓄水深，由耐淹深确定；

E——排除历时内蒸发损失深，mm。

9.3.2 排渍流量计算

(1) 日常流量：当地下水位达到一定控制要求时，地下水排水流量称为日常流量。

(2) 排渍模数：单位面积上的排渍流量称为排渍模数。

(3) 有关因素：气象条件、土壤质地、水文地质、排水系统密度。

(4) 经验数据：轻砂壤土，0.03～0.04$m^3/(s\cdot km^2)$；中壤土，0.02～0.03$m^3/(s\cdot km^2)$；重壤黏土，0.01～0.02$m^3/(s\cdot km^2)$。

9.4 设计内、外水位的选择

1. 设计内水位

排水出口处的沟道通过排涝流量时的水面高程，称为排涝设计水位。农田地下水位降到规定的深度高程上，由末级到干沟出口处的水位，称为排渍设计水位。

2. 设计外水位

承泄区的设计水位。

(1) 采用情况。

1) 采用同频率水位，涝区入流占比重大。

2) 通过遭遇分析，采用相应的水位。

(2) 计算方法：承泄区水面线计算有下面几种方法。

1) 有实测资料时，用经验频率方法，求水位-频率关系曲线（对某一固定断面），一般用每年汛期排水日平均最高水位进行分析。

2) 用流量推求水位。通过洪水汇流计算，求得天然河道通过不同频率中流量时的水面线，一般从下游向上游推求，必须有规划或已实施的天然河道横断面资料，I 值等。

3) 遭遇分析。

a. 峰现时间对比分析。涝区$(P+P_a)m$ 发生日期和承泄区处洪水发生的日期对比。

b. 设计频率典型年相应的内外水分析，当外水发生设计频率洪水时，相应灌区内部降雨情况是否相应。

c. 内外水相关分析。

9.5 排水沟设计水位和排水沟断面设计

9.5.1 排水沟设计水位

1. 排渍水位（日常水位）

满足控制地下水位要求（防渍和防盐）的设计水位。

(1) 农沟排渍水位：无盐碱化地区，$H=1.0\sim1.5$m；有盐碱化威胁地区，$H=$

2.2～2.6m（所以盐碱化地区设疏而深的沟）。

（2）斗、支干沟的排渍水位，通过推算得出，越到下级，水位越低。

（3）沟口排渍水位的确定公式：

$$Z_{排渍}=A_0-D_{农}-\sum Li-\sum \Delta Z \tag{9-19}$$

式中　$Z_{排渍}$——排水干沟沟口的排渍水位，m；

A_0——最远处低洼地面高程，m；

$D_{农}$——农沟排渍水位离地面距离，m；

L——斗支干各级沟道长度，m；

i——斗、支、干沟各级沟道水力坡度，如为均匀流，为沟底比降；

ΔZ——局部水头损失，闸0.05～0.1m，上下级0.1～0.2m。

（4）$Z_{排渍}$干沟与承泄区排渍水位的关系。如果在排渍期间，外河日常水位低于$Z_{排渍}$，自排；高于$Z_{排渍}$，应减小各级沟道比降，争取自排，对于经常顶托的平原水网区，应用泵站抽排。

2. 排涝水位（最高水位）

排涝水位为满足除涝要求排水沟宣泄排涝流量时的水位。

（1）根据除涝要求，在出现设计暴雨时，排水区内农沟排涝水位应在地面以下0.2～0.3m处（最高可与地面相平），以利地面径流汇入。保证农田不积水成涝，而各级排水沟在宣泄设计流量时，又需一定的水面比降和局部水头损失。因此，某排水沟沟口的排涝设计水位应根据该沟口以上各级沟道比降和局部水头损失推求。一般情况下，斗沟出口要求的水位如下：

$$Z_{斗}=Z_{地}-\sum Li-\Delta h-\sum \Phi \tag{9-20}$$

式中　$Z_{斗}$——斗沟出口要求的水位，m；

$Z_{地}$——地面参考点高程，该斗沟控制范围内代表85%，低地高程（85%以上的地面都比该点高）；

$\sum Li$——斗、农沟沿程损失，m；

$\sum \Phi$——局部水头损失，m；

Δh——农沟水位距地面高差，$\Delta h=0.2\sim0.3$m。

以1支2斗为例

$l_{农}$、$l_{斗}$——农、斗沟计算长度。

一般取2～3点即可。

$$Z_{12}=Z_{地}-0.3-l'_{农}i_{农}-l'_{斗}i_{斗} \tag{9-21}$$

（2）支沟出口要求的水位。根据斗沟入口处要求的水位高程，使水位满足斗沟要求的支沟水面线为设计水面线，使斗沟各参考点水位位于支沟水面线之上或接近。

（3）干沟水位推求。根据各个支沟入干沟沟口处的水位要求，以承泄区水位要求，互相调整配合，使多数支沟参考点水位位于干沟设计水面线之上，个别参考点水位低于干沟水面线要做回水检查。

$$L_{回}=1.7\frac{\Delta h}{i} \tag{9-22}$$

否则应局部抽排，承泄区水位太高时，干沟需建强排站。

（4）干沟水面线确定以后，应反推各支沟水面线，不能使支与干的水位落差超过0.5m，当为了满足水位衔接支沟挖方太大时，可考虑陡坡和跌水，支沟水面线确定后，反推斗沟水面线，要求同上，农沟不推求水面线。（典型区）。

9.5.2　排水沟断面设计

1. 根据排涝设计流量确定沟道过水断面

$$Q=AC\sqrt{Ri} \tag{9-23}$$

为明渠均匀流公式。

涉及参数 n、i、m，结合排水沟特点分析确定。

（1）排水沟比降 i。要求与沟道经过的地面坡降接近，且满足不冲不淤要求：

$v_{不冲}=0.2\sim1.0\text{m/s}$；

平原区：$i_{干}=1/6000\sim1/20000$；$i_{支}=1/4000\sim1/10000$；$i_{斗}=1/2000\sim1/5000$；$i_{农}=1/1000\sim1/2000$。

结合地形，同一条沟道尽量采用一个比降，如需变化，尽量减少变化次数。

（2）边坡 m。

1）沟越深，m 越大。

2）与施工机械有关，推土机 $m\geqslant3$；挖掘机 m 可小一些。

3）与土壤性质有关，黏土 m 小。

（3）糙率 n。

新挖沟 $n=0.02\sim0.025$，容易长草，$n=0.025\sim0.030$。

根据规范：$Q>25$，$n=0.0225$；$Q=25\sim5$，$n=0.025$；$Q=5\sim1$，$n=0.0275$；$n<1$，$n=0.03$。

（4）断面形式。一般采用梯形。

推土机施工，$b\geqslant2.5\text{m}$，农沟无排渍要求时，采用标准断面，$h=0.8\sim1.2\text{m}$，$m=1:1\sim1:1.5$。斗沟断面按典型区设计，支、斗沟要一条一条设计。

$$Q=AC\sqrt{Ri} \tag{9-24}$$

$$C=\frac{1}{n}R^{\frac{1}{6}} \tag{9-25}$$

$$R=\frac{A}{b+2m\sqrt{h^2+1}}=\frac{(b+mh)h}{b+2m\sqrt{h^2+1}} \tag{9-26}$$

2. 有排渍要求

根据排渍水位及水深确定了沟底高程，沟深，根据排涝要求确定水面高程：

$$A=(b+mh)h \tag{9-27}$$

通过试算法求 b 即可，如有特殊要求，需按其他要求（通航、养殖、确定 b、h）

3. 无排渍要求

公式同上，只是沟底未定，需求不同的 b、h 值，一般采用宽浅式断面。

4. 计算位置

(1) 干、支沟沟道汇流处的上下断面。

(2) 干沟入外河处。

(3) 沟底比降改变处。

(4) 较短的沟道 (3km 以下) 只计算出口处。

5. 要求

(1) 下级沟底不高于上级沟道沟底，低时可在 0.5m 以下；

(2) 排水沟开挖深度 $h>5$m 时，采用复式断面。

9.5.3 排水沟纵断面图的绘制

(1) 绘出地面高程线。

(2) 根据控制地下水位要求及沟底比降，绘日常水位线。

(3) 根据日常流量、通航、养殖等要求，确定日常水深，绘沟底高程线。

(4) 由沟底向上，绘设计水面线。

(5) 一般由右向左坡向，0 桩号为入口处，从下游向上游，计算距离，标特征数据。

无排渍要求时：①地面高程线；②设计水面线；③设计沟底线。

9.6 承 泄 区 整 治

承泄区：位于排水区域以外，承纳排水系统排出水量的河流、湖泊或海洋等。

承泄区应满足下列要求：

(1) 保证日常排渍要求。

(2) 具有足够输水能力，容蓄能力。

(3) 具有稳定的河床，安全的堤防。

9.6.1 排水口位置的选择

(1) 排水口位于排水区最低处。

(2) 排水口靠近承泄区水位低的位置。

(3) 排水口处不易淤积。

(4) 排水口基础好，适于建闸、站。

(5) 抽排时适于建调蓄池。

如不能满足要求，应采取如下措施：

(1) 内外水不遭遇时，可在排水口建闸错峰。

(2) 洪水顶托时间长，可建闸站强排。

(3) 洪水顶托时间长，回水影响不远，修回水堤，使大部分自排，局部抽排。

(4) 地形条件许可，下拉排水口，争取自排。如上述措施仍不满足，需进行承泄区整治。

9.6.2 承泄区整治

主要目的：降低承泄区水位，改善排水条件，措施为：

（1）疏滲河道，扩大行洪断面。

（2）退堤扩宽，以一侧退堤为主。

（3）裁弯取值，增大流速，降低水位。

（4）治理湖泊，退田还湖。

（5）修减流、分流河道，引走一部分流量。

（6）消除河道阻碍。

减流：在承泄区河段上游，开挖一条新河，将上游来水直接分泄到江、湖、海，以降低承泄区的水位。三江规划时，浓江、鸭绿江泄洪道就是这种措施。

分流：在承泄区上游开挖一条新河沟，分泄上游一部分来水，绕过承泄区段后，仍汇入原河，这种条件是汇入段要距排水入口远一些，因为水位由下游控制。

参 考 文 献

[1] 谢德体. 土壤肥料学 [M]. 北京：中国林业出版社，2004.

[2] 陆欣，谢英荷. 土壤肥料学（第2版）[M]. 北京：中国农业大学出版社，2011.

[3] 黄昌勇. 土壤学 [M]. 北京：中国农业出版社，2000.

[4] 龚振平. 土壤学与农作物学 [M]. 北京：中国水利水电出版社，2009.

[5] Nyle C. Brady，Ray Rweit 著，李保国，徐建明译. 土壤学与生活（原书第十四版）[M]. 北京：科学出版社，2019.

[6] 邵明安，王九全，黄明斌. 土壤物理学 [M]. 北京：高等教育出版社，2006.

[7] 龚子同. 中国土壤系统分类：理论，方法，实践 [M]. 北京：科学出版社，1999.

[8] 彭世琪，钟永红，崔勇，等. 农田土壤墒情监测技术手册 [M]. 北京：中国农业科学技术出版社，2008.

[9] 郭元裕. 农田水利学（第三版）[M]. 北京：中国水利水电出版社，1997.

[10] 汪志农. 灌溉排水工程学（第二版）[M]. 北京：中国农业出版社，2010.

[11] 史海滨，田军仓，刘庆华，等. 灌溉排水工程学 [M]. 北京：中国水利水电出版社，2006.

[12] 中华人民共和国水利部. GB/T 50485—2020，微灌工程技术标准 [S]. 北京：中国计划出版社，2020.

[13] 中华人民共和国水利部. GB/T 50085—2007，喷灌工程技术规范 [S]. 北京：中国计划出版社，2007.

[14] 沈振中. 水利工程概论（第2版）[M]. 北京：中国水利水电出版社，2018.

[15] 迟道才. 节水灌溉理论与技术 [M]. 北京：中国水利水电出版社，2009.

[16] 康绍忠. 农业水土工程概论 [M]. 北京：中国农业出版社，2007.

[17] 中华人民共和国水利部. GB 50288—2018，灌溉与排水工程设计标准 [S]. 北京：中国计划出版社，2018.

[18] 康绍忠. 土壤—植物—大气连续体水分传输理论及其应用 [M]. 北京：水利电力出版社，1994.

[19] Allen R，Pereira L，Raes D，et al. Crop Evapotranspiration：Guidelines for Computing Crop Water Requirements，FAO Irrigation and Drainage Paper 56 [J]. FAO，1998，56.

[20] 中华人民共和国水利部. GB/T 50596—2010，雨水集蓄利用工程技术规范 [S]. 北京：中国计划出版社，2010.

[21] 高建国，宋正海. 中国近现代减灾事业和灾害科技史 [M]. 济南：山东教育出版社，2008.

[22] 李令福. 关中水利科技史的理论与实践 [M]. 北京：中国社会科学出版社，2018.

[23] 康绍忠，蔡焕杰. 农业水管理学 [M]. 北京：中国农业出版社，1996.

[24] 山仑，康绍忠，吴普特. 中国节水农业 [M]. 北京：中国农业出版社，2004.